실무에 바로 쓰는 비주얼 머천다이징

; VISUAL
MERCHAN
DISING

실무에 바로 쓰는 비주얼 머천다이징

김윤미 지음

교문사

● 실무를 접해보지 않은 사람들도 VMD의 세계를 생동감 있게 느낄 수 있도록, 쉽지만 깊이 있게 정리한 책이다. 책에 등장하는 다양한 에피소드들은 지금도 현장 곳곳에서 일어나고 있는 현실적인 메시지를 담고 있다. 그 속에서 저자가 울고 웃은 시간들은 나의 이야기 또는 동료의 이야기 같아서 더욱 진정성 있게 다가온다. 10년 넘게 직접 발로 뛰어 익힌 '일 잘하는 노하우'를 이렇게 다 알려줘도 되나 싶지만, 생생한 현장을 배울 수 있는 교과서가 생겨 VMD를 꿈꾸는 후배들에게는 더 없이 좋을 것 같다.

박연수 | 이랜드 그룹 패션사업부 VMD 실장

● 이 책은 어렵고 막연한 이론서들이 난무하는 가운데, 현장에서 잔뼈가 굵은 진짜 전문가의 실전 비법을 전수받을 수 있는 귀한 책이다. 아이디어를 찾고 현장화하기까지 과정을 친절하고 쉽게 체계적으로 설명하고 있는 것은 물론, 그들이 겪는 애로 사항, 디자이너로서의 열정까지 허심탄회하게 들려준다. 또한 글로벌 현장에서 수집한 방대한 사례와 분석 자료는 비주얼 머천다이징에 다각도로 접근해 재미를 더한다. 한마디로 열자마자 마지막까지 신나게 읽을 수 있는 책이다. 깊은 열정과 폭넓은 경험을 공유해준 저자에게 감사와 응원을 보낸다.

김영아 | 건축가, 홍익대학교 산업디자인학과 공간설계 겸임교수

● 한동안 VM에 관련된 책의 출간이 없어서 안타깝던 차에 이렇게 소중한 책이 출간되어 무척 반갑다. 생생한 실무 경험에서 만들어진 살아있는 이론들이 크리에이티브, 진열, 컬러, 운용이라는 주제로 체계적으로 정리되고 다루어져 흥미롭다. VMD 실무의 A부터 Z까지 핵심만을 다룬 책이니 비주얼 머천다이징과 패션 업계에 종사하시는 분, 시작하려는 분과 동시에 패션 피플들도 꼭 한번 읽어 보았으면 한다. 이 책이 국내 패션 VM의 성장에 좋은 밑거름이 되었으면 하는 바람이다.

송영선 | 세정 그룹 비주얼기획실 이사

● 이 책은 VMD가 단순히 미를 추구하는 것이 아닌 치밀하게 준비한 전략의 결과물임을 생생하게 보여준다. 불과 몇 년 전까지도 패션 브랜드의 주도적인 역할은 상품을 만드는 MD와 의상 디자이너가 해온 것이 사실이다. 하지만 패션 매장이 상품 판매 공간에서 고객의 라이프스타일을 제안하는 공간으로 변모함에 따라 브랜드 전체를 아우르는 비주얼 중심의 비즈니스가 한결 중요해졌다. 비주얼 머천다이저뿐만 아니라 MD영업 담당자들이 업무에 적용할 수 있도록 경험에서 얻은 지식과 구체적인 현장의 단어로 실용적인 해결책을 제시한다.

조영호 | 위비스 그룹 ZISHEN 상품기획실 MD팀장

● 패션은 단순히 입는 문화에서 '보고' 입는 문화로 변화하였고, 이제는 '오감'으로 느끼고 구매하는 감각 문화로 탈바꿈하고 있다. 이런 변화의 과정에서 VMD는 최근 패션 유통 산업이 겪고 있는 어렵고 힘든 부분을 가장 적절하게 해결할 만능열쇠일지도 모른다. 이 책은 아직 프로의 세계에 발을 들이지 않은 학생들에게 실질적인 도움을 주고, 그들을 또 하나의 만능 열쇠로 성장할 수 있도록 만들어줄 것이다.

김유정 | 라사라패션직업전문학교 부학장

● VMD 업무가 단순히 비주얼적 측면 미의 관점으로 공간을 채우는 시대는 지났다. 상품뿐만 아니라 고객의 행동과 심리 취향까지 치밀하게 계산하고 고객에게 직접 묻고 철저하게 고객을 맞추어 한정된 공간에서 고객의 공감을 이끌어 내는 역할까지 요구되는 시대이다. 이 책은 기초 지식이 되는 VMD 매뉴얼뿐만 아니라 현실에 정말 필요한 경험과 조언이 가미된 교과서이다. VMD 입문자뿐 아니라 실제로 브랜드를 론칭하거나 운영하거나 새로 스타트업 하는 분들께 꼭 읽어보고 현실 업무에 적용하기를 적극 추천한다. VMD 입문자에게는 바로 꺼내 적용할 수 있는 만능 매뉴얼이 될 것이라 자부한다.

오수아 | MIXXO VMD팀장

VMD, 힘들지만 사랑할 수밖에 없는 이유

5년 전 미국 뉴욕에 W 브랜드를 처음 론칭하고 한동안 뉴욕 지사 담당자로 근무를 했다. 그때 매장 스태프들은 종종 나에게 이런 질문을 하곤 했다.

"너는 디스플레이어Displayer니? VMD니? 스타일리스트Stylist니?"

처음 그 질문을 받았을 때, 나는 살짝 당황해서 이렇게 답했다.

"셋 다?"

그도 그럴 것이 미국, 특히 뉴욕은 패션산업이 발달하고 역사가 오래되어 비주얼 머천다이징 업무가 세분화되고 발달해 있다. VMD는 상품 진열과 매장 비주얼 관리를, 디스플레이어는 윈도와 연출을 주로 담당하고, 스타일리스트는 마네킹 코디네이션을 하는 식이다. 물론 브랜드에 따라 차이는 있다. 어쨌든 그들 눈에는 오늘은 컴퓨터 앞에 앉아 쇼윈도 시안을 잡고 다음 날은 상품을 이리저리 옮기고 갑자기 마네킹의 옷을 갈아입히는 내가 하는 일이 굉장히 많다고 생각한 모양이다. 조그만 동양인 여자애가 저렇게 많은 일을 해내다니!

한국의 VMD는 거의 '세 사람'만큼의 일을 한다. 하는 일의 영역이 훨씬 넓고 포괄적이기 때문이다.

처음 패션브랜드에 입사해서는 힘들게 얻은 이 기회가 마냥 좋아 실력을 쌓아가는 기분과 보람으로 가득한 나날을 보냈다. 매일 밤 12시가 되도록 야근을 하고, 밤을 꼬박 새워 매장 오픈을 해도 재밌기만 했다. 하지만 팀장이라는 타이틀을 얻을 만큼 경력이 쌓이고 나서야 이 일이 정말 만만치 않다는 걸 알게 되었다.

오전에는 사무실에서 주간전략 회의를 하며 특별히 탁월하지도 않은 좌뇌로 매출에 관련된 복잡한 숫자들을 이해하려 안간힘을 쓰고, 오후엔 새로운 디자인 시안을 잡기 위해 아이디어를 쥐어짜며 우뇌를 돌린다. 그러다 보면 전 지역 매장에서 걸려오는 몇 십 통의 문의전화까지 받으며 텔레마케터 저리가라는 서비스정신을 발휘해야 한다. 그러나 우리의 모든 업무는 결국 현장에서 마무리해 평가된다. 현장 세팅은 보통 밤이 돼서야 시작된다. 세팅하는 내내 상품을 진열하고 소품을 연출하며 사다리를 오르내린다. 무거운 소품을 들고 드릴질을 하느라 진땀을 빼고 있으면, 뒤늦게 타 부서에서 이것저것 바꿔달라는 요청이 들어온다. 그때는 정말 이 말이 목 끝까지 차오른다. 내가 니 시다바리가.

VMD는 정신적으로도 육체적으로도 압박받는 직업이다. 그래서 VMD 일을 10년 이상 하는 사람은 많지 않은 게 현실이다. 불과 몇 년 전, 회사 내에서 유능하다고 소문난 나의 사수는 퇴사하면서 이렇게 말했다.

"우리는 가장 마지막 부서라 너무 힘들어. 마음대로 할 수 있는 게 하나도 없어."

슬프지만 사실이다. 디자인실에서 만든 상품의 디자인이 예쁘든 별로든 매장에선 무조건 좋아보여야 하고, 기획실에서 상품 수를 제대로 넣어주든 안 넣어주든 매장에선 적정량으로 구성돼야 한다. 매장의 비주얼을 책임진다는 그럴싸한 의무는 모든 부서에 이리저리 오지랖을 펼쳐가며 모두 책임져야 한다는 말로 변질되기 일쑤다. 그래서 주위에 아는 VMD들은 모였다 하면 "아, 이거 못할 짓이야. 때려치워야 돼!" 하면서 누구네 회사가 더 진상인지 종종 내기를 시작하곤 한다. 그런데 이상한 건 그렇게 핏대를 세우다가도 갑자기 누군가 "우리 이번에 매장 새로 오픈했는데" 하며 말을 꺼내면 모두들 "보여줘, 보여줘", "우와, 멋지다!" 하면서 금세 눈이 반짝거린다는 것이다. 쇼핑을 하러 가서도 양손 가득 쇼핑한 옷을 들고 새로 바뀐 쇼윈도를 사진 찍고 있는 우리를 발견하는 것 또한 일상다반사다. 대체 그 매력이 뭐기에 이 일을 그만두질 못하는 건지. 내 마음을 나도 모르겠다 싶던 차에 《인생 학교: 일》이라는 책을 만났다. 그리고 짧은 탄성을 내질렀다.

책은 "진정한 삶의 고수는 일과 놀이, 노동과 여가, 몸과 머리, 공부와 휴식을 명확하게 구분하지 않는다. 그는 두 가지 중 뭐가 뭔지도 잘 알지 못했다. 무엇을 하든 그저 탁월함을 추구하고 그에 걸맞게 완성할 뿐, 그것이 일인지 놀이인지는 타인의 판단에 맡긴다. 그 자신은 언제나 두 가지를 모두 하고 있을 뿐이다"라고 쓰여 있었다.

비주얼 머천다이저로 살아온 지난날을 돌이켜보니 나는 상당히 이 '삶의 고수'에 가깝게 살 수 있었던 것 같다. 뉴욕에서 근무할 때 타 매장조사를 위해 72번가에서 소호까지 아침부터 저녁까지 12시간이 넘도록 걸어 다녔다. 양쪽 어깨에는 샘플이 가득 든 가방이 빼곡하게 매달려 있었다. 어깨는 무너질 것 같고 발에서는 불이 나는 것 같았다. 그 지경을 하고 매번 직원들의 눈치를 보며 몰래 사진을 찍고 시장조사를 하는 일은 스트레스 그 자체였다. 가끔 운이 나빠 직원들에게 쫓겨나기라도 하면 부끄러움으로 모든 것을 내팽개치고 싶었다. 하지만 포크 들 힘도 없는 기진맥진한 몸과 달리 마음은 늘 새로운 물이 퐁퐁 솟아나는 샘 같았다. 숟가락을 겨우 들어 밥을 먹으면서도 그날 본 멋진 쇼윈도를 떠올리며 다음에는 그런 시도를 해봐야지 하며 슬며시 웃었다. 새로운 자극과 영감이 끊임없이 들이찼다. 즐거웠다.

한국으로 돌아온 요즘에도 별반 다르지 않다. 요즘 핫하다는 한남동 레스토랑에 가서 친구들과 밥을 먹으며 한껏 수다를 떨다가도 어느새 '이 레스토랑 분위기 좋은데? 무슨 콘셉트지?' 하고 유심히 살

핀다. 맛있는 음식이 담긴 유리접시와 함께 하얀색 대리석 테이블 위의 무심한 꽃 한 송이가 풍기는 프렌치 스타일의 톤 앤 매너를 느끼고 기록했다. 친구들과 수다를 떠는 즐거운 순간에도 놀이와 일을 자연스럽게 하고 있는 것이다. 굳이 아이디어를 찾겠다고 의도하지 않아도 내 눈과 귀, 입이 즐거운 모든 순간이 영감의 원천이 되고, 나의 즐거움과 관심사는 자연스레 일로 연결이 되었다. 그래서 일이 힘든 동시에 재미있었던 것이다. 이 일을 질리지 않고 오래할 수 있었던 또 다른 이유는 내가 무엇을 하고 있는지, 제대로 하고 있는지 바로 알 수 있다는 것이었다.

VMD는 역량 없이 대충 눈치로 묻어갈 수 있는 직업이 아니다. 노력해서 디자인한 모든 것이 현장에 그대로 반영되고, 매출과 고객의 피드백으로 나타난다. 최소한 스스로의 '눈'으로도 평가할 수 있다. 그만큼 실력이 그대로 드러나 책임감이나 압박감도 크다. 하지만 계획한 그대로의 결과물이 매장에서 구현될 때는 가슴이 얼마나 벅차오르는지, 그때 내가 살아있고 성장하고 있음을 깨닫는다. 게다가 내 실력을 열심히 보여주는 게 일인지 놀이인지 구분도 가지 않는 재밌는 일이라니.

알베르 카뮈는 "노동하지 않는 삶은 부패한다. 그러나 영혼 없는 노동은 삶을 질식시킨다"라고 말했다. 최소한 나의 직업은 영혼 없는 노동의 범주에 들지 않는다. 그런 직업을 갖는다는 것이 정말 큰 축복이라는 것을 직장인이라면 다들 알고 있을 것이다.

최근 입사한 후배들에게 "넌 좋겠다. 제대로 된 일 하잖아. 난 신입 때 마네킹 옷만 갈아입히고 상품비닐만 벗겼어" 하고 농담처럼 말하곤 한다.

내가 신입으로 일을 시작했던 13년 전도 아주 먼 옛날은 아니지만 그때와 비교하면 VMD의 위상은 많이 달라졌다. 각 브랜드에서 VMD가 브랜드 이미지와 매출에 얼마나 많은 영향을 주는지 알아가고 있고, 그에 따라 업무의 권한과 영향력은 더욱 커져가고 있다.

신입 인턴 채용을 위해 대학교를 방문할 때면 디자인과의 많은 학생들이 VMD에 관심을 표해왔다. 그럴 때면 꽤 인기 있는 직업이 됐구나 하면서 괜스레 뿌듯해지곤 한다.

그러나 많은 후배들이 이 일에 뛰어들고 싶어 하는 데 반해, VMD가 정말 어떤 일을 하는지는 입사 전까지 알 수 있는 방법이 거의 없다.

더욱이 현업 VMD들도 각자의 경험이나 선배의 지식을 배워 업무에 활용하니, 지식의 수준이 다들 비슷한 듯 하면서도 다르다. 즉, 배울 수 있는 매개체가 많지 않은 것이다.

책을 쓰자고 마음먹다

어느 날 같은 브랜드에서 세일즈 매니저로 일하고 있던 직원이 VMD로 전업을 하고 싶다고 상담을 요청해 왔다. 이런저런 이야기를 해주다 VMD에 관련된 책을 읽어보는 게 더 좋을 것 같아 함께 서점에 가게 되었다.

하지만 책을 고르다 매우 놀랐다. 관련된 책이 꽤 있었지만 저자들 대부분이 VMD를 전공하거나 실무를 했던 경험이 없었기 때문이다. 내용은 나조차도 잘 모르는 이론들이 쭉 나열돼 있었고 그 이론을 어떻게 실무에서 활용할 수 있을지에 대한 연결점도 명확하지 않았다. 때문에 그 직원이 궁금해 하는 VMD의 정확한 업무와 수행방법에 대해서는 전혀 알 수가 없었다.

예를 들어 ○○브랜드 쇼윈도 디스플레이는 "추상 윈도"라고만 나와 있을 뿐, 그 윈도를 어떻게 계획하고 만들지에 대한 설명은 없었다.

어떤 책은 컬러의 이론만 쭉 나와 있는데, 마치 컬러리스트 자격시험을 축소해놓은 것처럼 복잡해 실무에 적용할 수 없을 것 같았다.

나는 무척 당황해서 "일을 하면서 알게 되는 게 많아"라고 얼버무리고 말았다. 별 도움도 안 되는 멘토놀이를 한 그날, 잠들기 전 많은 생각이 들었다. 나는 겨우 13년 경력의 VMD일 뿐이다. 하지만 적어도 VMD를 시작하려는 사람들과 실무에서 전문성을 키우고 싶어 하는 후배들에게 내가 알고 있는 걸 알려주고 싶다. 그것이 내일 아침, 주말 세일 상품 진열안을 잡는 것보다 훨씬 더 가치 있는 일 같았다.

이 책에서는 여타의 다른 책들이 그렇듯 VMD의 역사나 개념, 수직진열이니 악센트 컬러니 하는 이론에 초점을 맞추지 않을 것이다.

여태껏 "여기 I.P 공간에 수직진열을 통한 악센트 컬러진열을 해야겠어"라고 말하는 VMD를 본 적도 없다. 이는 너무나 이론적이고, 심지어 낭만적이기까지 한 생각이다.

진열될 상품들의 컬러는 VMD가 정하는 것이 아니다. 브랜드의 의도 없이 어떤 컬러를 메인으로 진열할 지를 VMD 마음대로 정할 수도 없다. 실제로 그 이론대로 현장에서 구현이 되더라도 중요한 건 왜 그것이 좋은 진열인지를 이해하는 능력이다.

우리가 알아야 할 것은 수능문제 풀듯 관련 이론을 외우는 것이 아니다. 대신 현장을 예리하게 파악하고 좋은 해결책을 내놓는 실력 있는 VMD들이 무슨 일을, 어떻게 하는지를 알아야 한다.

차례

12

PART 1

30

PART 2

116

PART 3

210

PART 4

VISUAL MERCHAN+ DISING

*

PART 1

VMD란 무엇인가

VMD 업무영역

VMD 매장 구성요소

VMD란 무엇인가

VMD는 Visual Merchandising의 약자로 Visual과 Merchandise가 합쳐진 용어이다.

단어 그대로 상품기획(Merchandise)을 시각화(Visual)하는 것으로 이해할 수 있다.

20세기 중후반 미국 리테일 비즈니스를 중심으로 개념화되고 체계화된 VMD가 그 길지 않은 역사에도 불구하고 현재 패션 비즈니스에서 핵심가치가 된 중요한 이유로, 매장의 역할 변화를 들 수 있다.

매장은 단순히 제품을 보여주고 판매하는 곳에서 소비자가 브랜드를 체험하고 브랜드의 가치를 공감하는 곳으로 발전하게 되었다. 소비자가 매장에서 느끼는 경험은 점점 중요해졌고 그에 따라 VMD는 매장을 아름답게 제안하는 미학적인 기능에서 발전하여 소비자에게 브랜드의 정체성을 알리고 경쟁업체와 차별화하며 브랜드 충성도를 높여 구매를 이끌어내는 총체적인 기능을 지니게 된 것이다.

이를 위해 VMD는 매장환경을 다양한 방법(매장디자인, 레이아웃, 디스플레이, 상품진열 등)으로 기획하고 실행하고 있다.

VMD의 업무영역에서 구체적으로 VMD가 하는 일을 알아보자.

VMD
업무영역

브랜드에서 VMD가 하는 일은 매우 다양하고 광범위하다. 업무의 목적과 특성에 따라 나누어 보면 크게 3가지로 비주얼 디자인, 상품운용 그리고 의사소통과 관리 측면으로 나누어볼 수 있다. 브랜드에 따라 어느 쪽에 좀 더 깊게 관여하느냐의 차이는 있다.

비주얼 디자인

1. 고객 및 시장 조사와 트렌드 분석

2. 비주얼 콘셉트와 전개방향을 알 수 있는 연간, 분기별 운영 계획

3. 브랜드 리뉴얼, 신규매장 오픈 시 비주얼 계획 및 세팅

4. 주기별 콘셉트에 따른 VP·PP 디자인과 발주, 현장 세팅 진행

5. 세팅 매뉴얼 제작 및 매장 발송, 방문 또는 피드백을 통한 관리

상품운용

1. 연간, 분기별 상품 진열 계획

2. 신규매장 오픈 시 레이아웃 및 상품진열 계획

3. 주기적인 상품진열, 마네킹 착장 등 현장 세팅

4. VMD 교육자료 제작 및 매장 발송, 피드백 관리

5. 판매 전략과 매장 상황에 따른 매장 레이아웃 변경

의사소통과 관리

1. 브랜드 내 회의, 연관부서 미팅

2. 월별, 주별의 이슈에 따른 업무스케줄 수립 및 부서 간 공유

3. 라운딩, 소품 제작 업체 등 관리

4. 일반적인 매장관리 및 VM 소품 및 인력 지원

5. S/S, F/W 시즌 품평회

다양한 VMD의 업무영역만큼 일을 하는 프로세스 역시 단순하지 않고 변화가 많은 것이 VMD의 특징이다. 브랜드의 규모와 전략에 따라 비주얼 디자인을 집중적으로 보여주는 곳도 있고 상품운용이 주요 업무인 곳도 있으며 의사소통과 관리가 주를 이루는 곳도 있다. 물론 3가지 분야를 다 관여하는 VMD가 대다수이긴 하다.

이렇듯 업무 프로세스를 특정하기는 어렵겠지만, 보통 규모 이상의 (중·소·대기업) 브랜드 내에서의 VMD 업무 프로세스를 예시로 한다면 어느 정도는 대표성을 가질 것이라 생각되었다.

업무를 기존 매장과 신규오픈 매장의 2가지 타입으로 구분하고, 각 타입별 진행순서에 따른 단계와 각 단계별 실행할 업무와 고려할 사항으로 정리하였다. 또한 각 단계별로 실제 브랜드의 예시자료를 참고할 수 있도록 하였다.

아래 표를 따라 VMD의 하루하루를 그리고 한 달에서 1년에 이르는 긴 과정을 머릿속에 그려보자.

VMD 업무 프로세스-기존 매장

진행 순서에 따른 단계

STEP 1

STEP 2

STEP 3

연간/기간별 VMD 기획
- VMD 방향 기획
- 업무계획표

VMD 매뉴얼 계획
- 비주얼 디자인
- 상품운용

VMD 실행
- 비주얼 디자인
- 상품운용

STEP 1

진행순서에
따른 단계

실행할
업무

고려해야
할 사항

STEP 1
연간/기간별
VMD 기획
– VMD 방향 기획
– 업무계획표

VMD 방향 기획

- 연간/기간별(S/S, F/W) 판매상품의 콘셉트와 판매목표에 따라 기간별로 VMD 방향을 설정한다.
- 설정된 방향에 맞추어 VMD기획안을 작성한다. 상품 품평회/전사적 마케팅안 등 브랜드 부서 전체의 방향을 알 수 있는 기획표에 맞추어 작성해도 좋다.

업무계획표

- VMD의 업무를 연간, 월별, 주별 단위로 구분하여 업무를 계획한다. 시즌의 시작 및 종결/특별 시즌/상품입고 스케줄/ 매장오픈 및 폐업의 브랜드 일정을 포함하여 작성하며, 이에 따라 기본적인 예산안도 수립한다.

- 의상/기획/마케팅/영업 등의 전 부서가 연간별/기간별 상품의 콘셉트와 판매목표를 공유하고 부서별 세부 계획을 정한다.
- VMD와 밀접한 관계를 가진 상품입고, 그래픽교체, 매장오픈 및 폐업 등의 계획을 타 부서에서 공유받는다.

예시자료-S브랜드 월별 마케팅 기획안

구분	1월	2월	3월	4월	5월	6월
주제	"MORE SLIM"	"BE TWO"	"NEW START"	"COLORED"	"Graphic Party"	"Summer Holiday"
	슬림하게 스타트	커플 룩	모던 클래식	컬러풀 핏	그래픽 티	썸머 바캉스
일정	1/05~2/05	2/05~3/05	3/05~4/05	4/05~5/05	5/05~6/05	6/05~7/05
이벤트	설맞이 – 구정 프로모션 발송	밸런타인 – 커플템 20% 할인	신학기 – 대학생 15% 할인	봄 나들이 – 락 페스티벌 티켓 이벤트	가족의 달 – 무료 선물포장	여름 바캉스 – 전 상품 20% 할인
주력 상품	슬림 슬랙스	커플 후드집업	클래식 셔츠	데님 숏바지	그래픽 티	민소매 마린룩
판매가	49,000원	39,000원	29,000원	39,000원	29,000원	19,000원
발주 수량	5,000	1,000	2,000	1,000	3,000	4,000
VMD	• 1월 상품진열 부분 교체 • 마네킹 착장 2회 교체	• 2월 상품진열 전체 교체 • '밸런타인데이' 윈도 세팅	• 3월 상품진열 부분 교체 • 마네킹 착장 2회 교체	• 4월 상품진열 전체 교체 • '락페스티벌' 윈도 세팅	• 5월 상품진열 부분 교체 • 마네킹 착장 2회 교체	• 6월 상품진열 전체 교체 • '썸머트립' 윈도 세팅
영업	가을, 겨울 재고 다 팔기	밸런타인데이 VMD 세팅하기	청바지 완판 도전	락페스티벌 VMD 세팅하기	그래픽 티 정판율 50% 달성하기	최고 소진율 달성하기
유니폼	기모 후드집업		클래식 셔츠		그래픽 티	

STEP 2

진행순서에 따른 단계

실행할 업무

고려해야 할 사항

STEP 2
VMD 매뉴얼 계획
– 비주얼 디자인
– 상품운용

비주얼 디자인

- 국내외 시장조사 및 트렌드 스터디를 통하여 시즌별 VMD 콘셉트를 계획한다.
  : 크게는 신년, 봄, 여름, 가을, 겨울로 나누고 여기에 입학, 밸런타인, 어린이날, 어버이날, 여름휴가, 추석, 할로윈, 크리스마스 등의 특별시즌이 필요에 따라 추가된다.
- 계획한 시즌별 VMD 콘셉트에 따라 쇼윈도, 스테이지 등 시각적인 공간(VP)에 시안(연출 매뉴얼)을 작성한다.

상품운용

- 주로 봄, 여름, 가을, 겨울, 매장공간 전체의 상품이 바뀌는 kick-off를 기준으로 하되 월별로 판매목표에 따라 레이아웃 및 진열안을 바꾼다.
- 상품이 출고되기 전, 표준매장을 기준으로 매장 레이아웃 및 조닝표시, 상품 진열안을 작성한다.
- 매장 레이아웃: 매장 집기의 위치와 동선을 고려해 레이아웃을 잡는다. 정해진 레이아웃상에 상품조닝을 표시한다.
- 상품 진열안: 각 조닝에 위치하는 집기별로 진열상품, 상품스타일 넘버, 컬러, 진열방법 등을 표기해 현장구현이 쉬운 상품 진열안을 제작한다.

- 기획/마케팅 부서와 협의하여 VMD 콘셉트와 브랜드의 목표가 일치하는지 점검하고 부서별 실행할 사항을 공유한다.
- 쇼윈도, 스테이지 등의 시안은 VMD가 직접 디자인하기도 하고 전문 업체에 의뢰하기도 한다.
- 매장 레이아웃과 진열은 특히 상품 판매에 직접적인 영향을 주기에 기획과 영업부서와의 협의가 중요하다.
- 진열하려는 상품의 입고날짜와 입고수량을 확인하여 진열 여부와 형태를 고려해야 한다.

예시자료-매장 레이아웃과 조닝

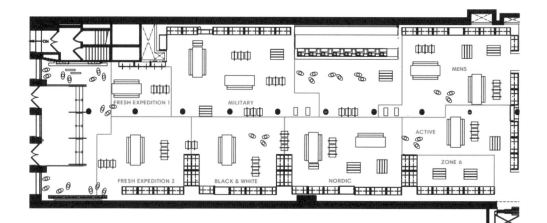

STEP 3

진행순서에
따른 단계

실행할
업무

고려해야
할 사항

STEP 3
VMD 실행
– 비주얼 디자인
– 상품운용

비주얼 디자인

- 쇼윈도/스테이지 등에 사용할 오브제 및 집기의 발주서를 작성 후 예산안을 수립한다.
- 제작 및 구매를 실행한다.
- 매장 직원이나 전문업체에서 설치할 경우, 설치교육자료를 만들어 매장에 배포한다.

상품운용

- 계획한 상품 진열안과 마네킹 코디네이션 제안을 매장에서 보기 쉽게 교육자료로 제작하여, 상품이 입고되기 2~3일 전 전송한다.
- 매장 직원들이 사전에 숙지하고 상품이 입고됨과 동시에 구현되도록 한다.
- 전 매장에 현장 세팅이 진행된 후에 피드백을 통해 수정사항을 점검한다.

- 발주서를 직접 작성하여 제작업체에 제작만 의뢰하기도 하고 시안을 전문업체에 의뢰한 경우 제작 및 실행까지 맡긴다.
- 예산의 경우 브랜드의 결재가 필요한 부분으로 이에 따라 시안이 바뀌는 경우가 생길 수 있으므로 사전협의가 꼭 필요하다.
- 교육자료를 제작 시, 전체 매장의 중간 사이즈인 매장을 표준 매장으로 잡는다. 편차가 크다면 매장 평수별(대형/중형/소형), 타입별(로드숍/백화점)로 나누어 여러 개의 표준 매장을 진행해야 매장에서 적용할 수 있다.
- 가능한 매장별 담당 VMD 직원을 두어 주기적으로 교육하여 담당 직원의 VMD 역량과 책임감을 키우는 것이 좋다.
- 현장 세팅 시, 사전 의사소통을 통해 영업에 지장을 주지 않는 시간대에 진행하고 부서 간 스케줄을 조절한다.

예시자료-상품 진열안

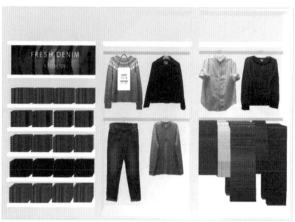

FRESH DENIM

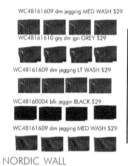

WC4B161609 dm jegging MED WASH $29

WC4B161610 gry dm jgn GREY $29

WC4B161609 dm jegging LT WASH $29

WC4B160004 blk jeggin BLACK $29

WC4B161609 dm jegging MED WASH $29

NORDIC WALL

WF4R330312
jacquardcr
GREY MELANGE
$39
NEW

WF4O100044
peacoat
NAVY
$69

WF4B16000B
rlx boyfrd
MED VINTAGE
$39

WF4R335002
deep v
DK. GREY
$79
NEW

WF4W220085
washed ox
WHITE
$39

WF4R330223
stripe crw
NAVY
$49

WF4R335108
wffle hood
LT. PINK
$69
NEW

WF4K190109
cs turtle
OFF WHITE
$19

WF4B161602
rel boyfrd
MED WASH
$29
NEW

WF4W220122
plaid bf
NAVY
$29

WF4R390002
waffle jog
DK. GREY MELANGE
$29
NEW

FRONT

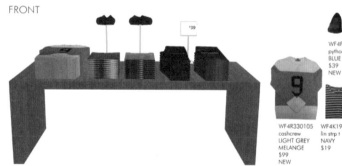

$39

$39

WF4F505097
pythontwin
BLUE
$39
NEW

WF4F505097
pythontwin
BLACK
$39
NEW

WF4R330105
cashcrew
LIGHT GREY
MELANGE
$99
NEW

WF4K190063
lin strp t
NAVY
$19

WF4K190063
lin strp t
OFF WHITE
$19

WF4B160016
dis sk dnm
DK VINTAGE
$39
NEW

WF4B160016
dis sk dnm
MED VINTAGE
$39
NEW

BOTTOM BENCH

WF4R380000
pleatskirt
NAVY
$39
NEW

WF4R330093
mstripecrw
OFF WHITE
$49
NEW

WF4R330093
mstripecrw
BURGUNDY
$49
NEW

WF4R330093
mstripecrw
NAVY
$49
NEW

WF4C515009
easwestote
BLUE
$69
NEW

예시자료-마네킹 착장 교육자료

WF4C490103
b&w toque
BLACK
$12
WF4C490230
stripe scf
GREY MELANGE
$29

WF4D370034
marl dress
BLACK

MF4C490006
rib beanie
GREY
$19
WF4R330285
scf t
BLACK
$49

WF4R390003
jogger
BLACK

WF4C490104
b&w snood
BLACK
$24
WF4R330281
mohair boxy
BLACK
$79

WF4R390002
wafflejog
GREY MELANGE

WF4C490103
b&w toque
BLACK
$12
WF4D375003
trtunic
GREY MELANGE
$79

WF4C535028
suedskintbl
BLACK

WF4C490230
stripe scf
GREY MELANGE
$29
WF4R330330
shaker cre=
GREY
$39

WF4R390002
wafflejog
GREY MELANGE

VMD 업무 프로세스-신규 오픈 매장

입점 결정
- 현장방문
- 주변 탐색으로 고객의 예상 동선 파악
- 현장의 필요나 문제점 파악

인테리어
- 매장 레이아웃 계획
- 쇼윈도 위치, VP, PP, IP 위치와 방향 수립
- 예상 집기의 위치 및 수량 점검

브랜드 미팅
- 상품 조닝 계획
- 마케팅 세부 플랜
- 비주얼 시안 공유

소품 발주
- 소품 발주서 제작
- 소품 발주하기

상품 진열안
- 입고상품 정보 받기
- 상품 진열안 제작
- 브랜드 공유

입점
- 상품 입고
- 현장 세팅
- 피드백용 사진 촬영

VMD
매장
구성요소

앞서 보았듯이, VMD의 업무영역에서 비주얼 디자인과 상품운용은 큰 맥락을 이루고 있다.

이를 바꾸어 매장공간을 구성하는 요소로 생각해보면 VP, PP, IP 의 3가지로 구분할 수 있다. 각각의 공간이 어떤 특징을 갖고 효과를 내는지 이해하면 브랜드의 전략과 목적에 알맞게 구현할 수 있다.

VMD 매장 구성요소인 VP, PP, IP 3가지에 대해 자세히 알아보자.

VP, PP, IP의 비주얼 특징과 적용의 예

VP, Visual Presentation

VP는 고객의 시선이 처음 닿는 매장 내 대표적인 비주얼 연출 공간으로 고객에게 브랜드의 이미지와 해당 시즌의 테마를 강하게 보여줄 수 있는 쇼윈도, 스테이지 공간 등이 이에 포함된다. 연출되는 비주얼은 해당 시즌의 테마를 한눈에 고객에게 전달할 수 있도록 분명한 디자인 방향을 가지고 계획돼야 한다.

함께 연출되는 상품은 해당 시즌의 트렌드를 반영하거나 전략상품으로 구성하여 브랜드의 상품판매 전략과 한 방향으로 노출되어져야 한다.

VP에 대해서는 비주얼 크리에이티브라는 내용으로 PART 2에서 집중적으로 다루도록 하자.

H&M, SYDNEY

RALPH RAUREN, NEW YORK

MANGO, NEW YORK

PP, Point of sales Presentation

PP는 매장 내에서 고객의 동선을 유도하고 상품진열 계획의 판매 포인트를 제안 및 연출하는 곳이다. 주로 벽면이나 선반 위, 바닥집기의 상단에 시각적인 포인트를 주어 제안한다.

PP는 VP와 달리 해당 공간 내 상품의 판매를 적극적으로 유도한다. 아래쪽에 비치된 판매상품의 포인트와 가치를 보여주는 것이 우선시되며 연출을 지나치게 강조해 상품판매에 방해가 되어선 안 된다. 최근 많이 선호하는 방법 4가지를 통해 효과적인 PP 연출법을 알아보자.

판매 상품으로 연출하기

WHO.A.U, SEOUL

CLUB MONACO, NEW YORK

BARNEYS NEW YORK, NEW YORK

연관된 콘셉트의 소품으로 연출하기

NAF NAF, PARIS

j.crew, NEW YORK

마네킹으로 보여주기

WHO.A.U, SEOUL

BARNEY'S NEW YORK, NEW YORK

P.O.P로 정보 알리기

ALL SAINTS, NEW YORK

IP, Item Presentation

IP는 매장 내 상품이 진열되어 있는 모든 공간을 지칭한다. 벽장, 테이블, 레일 등 매장을 구성하는 대부분의 집기와 공간이 IP에 해당되며, 매장을 차지하는 비중이 넓어 공간의 전반적인 분위기와 환경을 만들어낸다.

각각의 상품을 분류, 정리하여 고객이 보기 쉽고 고르기 쉽도록 진열하는 역할을 하며 고객이 직접 만져보고 입어보고 구매할 수 있도록 판매에 직접적인 영향을 미친다.

상품의 판매가 일어나는 곳이므로 비주얼적인 접근 외에 상품에 대한 정보, 영업과 마케팅을 고려해야 하는 등 복합적인 지식이 필요하다.

IP에 대해서는 이어지는 PART 3와 PART 4에서 집중적으로 다루도록 하자.

CLUB MONACO, NEW YORK

ALL SAINTS, NEW YORK

중요한 것은 VP냐 PP냐의 구분이 아니다

최근에는 단순히 이미지 전달을 위한 연출보다는 직접적인 상품판매 공간에 연출을 접목시키는 방식을 선호한다. 아래 사진을 잘 살펴보면 마네킹이나 연출 소품이 쓰인 방식은 VP처럼 보이지만, 판매 테이블에 함께 구성해 진열된 상품판매에 초점을 둔 것은 PP의 역할에 충실하고 있다. 그 영역을 단순히 구분하는 것이 점점 의미가 없어지고 있는 것이다.

VP니 PP니 하는 이론을 외우고 정해진 틀 안에서만 아이디어를 찾지 말자. 훨씬 중요한 것은 '비주얼'과 '상품판매'라는 두 가지 토끼 중 무엇을 우선으로 잡을지, 어떻게 잡는 것이 우리 브랜드에 적합할지를 충분히 고민하고 최적안을 섬세하게 반영한 비주얼 전략이다. 그 과정을 통해 타 브랜드와 구별되는 우리 브랜드만의 비주얼 아이덴티티가 생기게 된다.

URBAN OUTFITTERS, SANFRANCISCO

URBAN OUTFITTERS, SANFRANCISCO

MEMO

VISUAL MERCHAN+ DISING

*

PART 2

비주얼 크리에이티브

비주얼 디자인 프로세스와 사다리 만들기

비주얼 디자인 사다리

비주얼 크리에이티브

세일즈 매니저로 일하고 있던 그 직원은 결국 VMD 공부를 하고 싶다며 일을 그만두었는데 학원에 다니기 시작하자마자 하소연이 터져 나왔다.

"상품진열은 매장에서 오래 일하다보니 꽤 안다고 생각했거든요. 그런데 쇼윈도 시안은 어떻게 잡는 건지 모르겠어요. 그래픽 프로그램도 배우고는 있는데 막상 시안을 그리려고 하면 시작도 못하겠어요."

처음 VMD를 배우고자 하는 사람들 또는 현직에 있지만 직접 디자인을 잡을 기회가 없는 현장 VMD에게 비주얼 디자인의 계획과 전개는 어렵고 막막한 일이다. 나 역시 대학에서 산업디자인을 전공해 공간디자인에 대한 준비가 되어 있고 그래픽 프로그램 또한 꽤 할 수 있다고 생각했지만 막상 신입사원이 되어 쇼윈도 시안을 잡으려니 앞이 캄캄했다.

어디서부터 시작을 해야 할지 조차 알 수 없어 포토샵만 켠 채 머리를 쥐어짜며 며칠이 가도록 앉아있었다. 보다 못한 상사가 내 초라한 작업물을 보고 코칭을 해줄 때도 왜 그렇게 수정해야 하는지 이해를 못한 채 대답만 웅얼거렸다.

그 이유를 알기까지는 꽤 오랜 시간이 걸린 것 같다. 그만큼 비주얼 디자인은 VMD 업무에서도 굉장히 까다로운 분야다. 딱히 전공으로 배울 수 있는 커리큘럼이 거의 없기 때문이기도 하고 아이디어 표현에 크리에이티브와 감각을 추구하면서도 동시에 매출과 연계되는 상업성이 필요하기 때문이다.

비주얼 디자인을 잘 해야 하는 가장 큰 이유는 비주얼 디자인이야 말로 VMD의 전문적인 특화 분야이기 때문이다.

상품의 진열, 매장관리와 같은 업무는 다른 부서와 협력하는 비중이 높지만 비주얼 디자인은 VMD만의 분야다. 이를 제대로 해내지 못한다면 대포가 달리지 않은 채 굴러만 다니는 탱크와 같다.

나는 패션전문 대기업에서 13년간 VMD로 수없이 많은 시안을 잡았고 특히 전문적으로 브랜드 론칭 디자인을 담당하는 팀에서도 근무했었기 때문에 이 분야에 꽤 자신이 있었다.

그래서 후배에게 직접적으로 도움이 되는 조언을 해주고 싶어 후배의 시안을 보면서 이런저런 코칭을 해주었다.

"그런 식으로 디자인하면 문제가 생길 수도 있어. 이렇게 푸는 건 어때?"

"아, 이게 훨씬 좋은 것 같아요. 어떤 공식이 있는 거예요?"

후배가 댕글댕글한 눈망울로 내게 물었다. 예상치 못한 질문이었다.

"딱히 공식은 아닌데……. 그냥 이것저것 많이 해보고, 많이 그려보면 늘어."

집으로 돌아오는 길에 문득 후배가 내 말을 이해했을지, 내가 한 코칭이 과연 옳은 것인지 의문이 들었다.

비주얼 디자인에는 분명 주관적인 면이 있다. 누군가에게는 좋게 느껴져도 다른 사람들은 싫어할 수 있는 것 아닌가. 수백 개의 패션 매장 디자인은 모두 제각각이라 어떤 디자인이 옳다고 수학공식처럼 맞아떨어지지도 않는다.

결국 내가 진행한 많은 디자인 작업들도 개인 취향 또는 일했던 회사의 전략에 따른 것이기 때문이다.

하지만 곰곰이 생각해보니 '이 브랜드의 쇼윈도가 더 내 취향이다'라는 차이는 있겠지만 일정 수준 이상의 비주얼은 누구나 다 인정한다는 생각이 들었다.

예를 들어 환상적인 디테일과 완성도로 유명한 뉴욕 버그도르프 백화점 쇼윈도 앞을 지나가는 사람들은 뉴요커이거나 여행자이거나 나이, 성별을 막론하고 그 자리에 서서 탄성을 지르며 윈도를 바라본다.

여성스럽고 장식적인 디테일을 극도로 싫어하는 친구마저 환상적인 크리스마스 쇼윈도 앞에서 핸드폰을 꺼내들고 말았다. 선호하는 비주얼 타입은 사람마다 다를지언정 각각의 완성도를 판단하는 눈은 비슷하다는 생각이 들었다.

'꼭 이런 식으로 쇼윈도 디자인을 해야지'라고 말할 수는 없지만 이 브랜드 콘셉트를 잘 표현하려면 '이렇게 하는 게 더 완성도 있어'라고 할 수는 있는 것이다.

어쩌면 우리가 늘 그냥 멋질 것 같아서라며 각자 표현하던 아이디어와 전개방식에 어느 정도는 패션 리테일에 적합하고 검증된 보편적인 표현방법이 존재하는 것이 아닐까?

나는 나와 나의 팀이 그동안 어떻게 해왔는지를 돌아보기로 했다.

동시에 다른 패션브랜드들은 어떤 방식으로 표현해왔는지 찾아보기 시작했다. 그래서 전부는 아니어도 각 패션 브랜드들이 아이디어와 비주얼을 전개하는 방법에서 꽤 많은 공통점을 찾을 수 있었다.

처음 VMD를 시작하는 사람들의 잘못된 방법 중에 하나는 비주얼 디자인을 잡는데 포토샵이나 일러스트를 배우는 데만 몰두한다는 것이다.

물론 잘 그려진 시안은 더 호소력이 있고 설득력이 있지만 그것은 어디까지나 도구일 뿐(물론 도구가 없으면 완성 자체가 불가능하다) 보다 중요한 것은 사람들에게 영감을 주는 크리에이티브한 아이디어를 지니고 있는 지이다. 그리고 이 능력은 지속적인 시간투자와 꾸준한 노력으로 어느 정도 개발시킬 수 있다.

PART 2에서는 VMD의 비주얼 디자인 영역에 해당하는 업무를 알아보고자 한다.

매장 구성요소에서 VP에 속하는 공간으로 쇼윈도, 스테이지 등을 진행함에 있어 아이디어 착상부터 현장구현까지 어떤 식으로 업무를 진행하는지 단계별로 소개하고 매 단계별로 중요한 점과 최종적으로 완성시키는 방법에 대해서 다룰 것이다.

Bergdorf goodman, NEW YORK

비주얼 디자인 프로세스 와 사다리 만들기

비주얼 디자인이란 고객에게 브랜드의 이미지를 전하면서 새로운 경험과 뜻밖의 영감을 주는 VMD 고유의 감성영역이다. 하지만 이 역시 최대 목적은 매출을 내는 것이기 때문에 비주얼 디자인 콘셉트는 디자이너 개인적인 취향으로만 정해져선 안 된다. 콘셉트는 브랜드의 전략에 따라 해당 시즌 상품의 콘셉트와 테마 안에서 계획되어야 하고 구현시점과 장소, 구현방법 등도 브랜드의 방향에 따라 정한다. 즉 창작의 영역이지만 결과물은 지극히 브랜드의 전략과 일치해야 하는 것이다. 그러기 위해선 개인적인 감성에 빠져 길을 잃지 않도록 전체 프로세스를 잡아줄 지표가 필요하다.

아래 고안한 '비주얼 디자인 사다리' 표는 비주얼 디자인 작업을 하는데 VMD가 거치는 실제 업무 단계를 시간의 순서에 따라 5가지 단계로 나누고 단계별 '목표: 하고자 하는 것', '방법: 무엇을 통해서' 그리고 '결과: 얻을 것'으로 구분했다. 따라서 비주얼 디자인을 진행 시 스스로 단계별로 꼭 얻어야 할 결과와 그에 대한 객관적인 검토를 할 수 있다.

	목표: 하고자 하는 것	방법: 무엇을 통해서	결과: 얻을 것
STEP 5	현장화	발주서 만들기 소품 제작 및 구입 현장 세팅	매장 구현
STEP 4	비주얼 구체화	시안 드로잉 포토샵, 일러스트레이터, 3D 그래픽 프로그램 등	비주얼 시안
STEP 3	아이디어 구체화	이미지맵 만들기	완성된 이미지맵
STEP 2	아이디어 탐색	스터디 웹/책/블로그/ 잡지/현장방문 등	다양한 아이디어 소스
STEP 1	방향 정하기	전사적 마케팅 미팅 브랜드 의사소통	합의된 브랜드 전략 캠페인 유무 전략상품 목표매출 구현위치/날짜

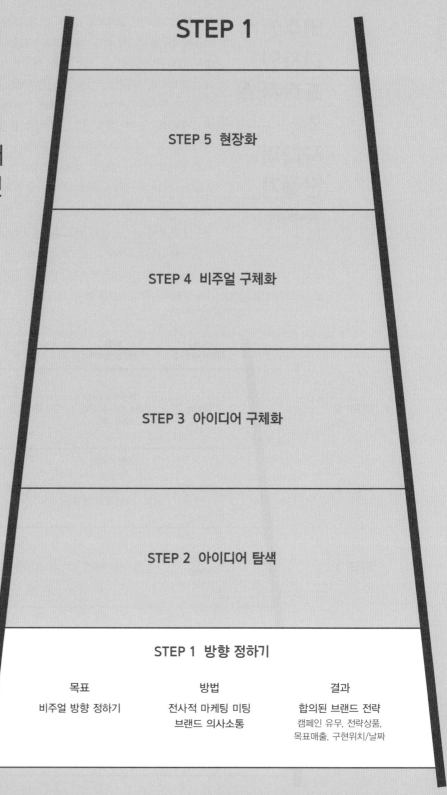

비주얼
디자인
사다리
아이디어
착상부터
현장구현
까지
———

STEP 1

STEP 5 현장화

STEP 4 비주얼 구체화

STEP 3 아이디어 구체화

STEP 2 아이디어 탐색

STEP 1 방향 정하기

목표	방법	결과
비주얼 방향 정하기	전사적 마케팅 미팅 브랜드 의사소통	합의된 브랜드 전략 캠페인 유무, 전략상품, 목표매출, 구현위치/날짜

STEP 1 방향 정하기

전사적 마케팅 계획

대부분의 패션 브랜드에서는 SS, FW 시즌 전개에 따라 상품 콘셉트와 테마를 정한다. 그 콘셉트에 따라 의상, 기획, 마케팅, 영업, VMD, 광고 등 전 부서가 한 가지 방향의 기간별 계획을 정하고, 인스토어(IN-STORE) 전략과 마케팅을 수립한다. 항해에 비유하자면 최종 목적지인 A라는 항구를 정하고, 그곳에 가기까지 들릴 부두들, 그곳에서 사야할 것들, 해야 할 것들이 적힌 커다란 지도를 만드는 것이다.

이렇게 하나의 목표에 초점을 맞춰 전 부서가 집중해 계획을 수립하는 것을 보통 전사적 마케팅 계획이라고 한다. 전사적 마케팅을 잘 수립해 실행하면 첫째, 기간 목표와 방향이 흔들리지 않고 둘째, 각 부서 간 업무 이해, 협조와 커뮤니케이션이 빠르고 셋째, 팔고자 하는 상품이 잘 보이는 매장을 구현할 수 있다.

전사적 마케팅을 통해 이끌어 낼 사항들은 제시된 샘플처럼 각 부서별로 정해진 업무영역이 있되, 브랜드 전체 미팅을 통해 어떨지 협의하고 정해진 것은 공유하면 된다.

물론 미팅 외에 연관 부서 간의 긴밀한 커뮤니케이션이 무엇보다 중요하다.

예시자료-전사적 마케팅 기획안

	UNIT	SUMMER 2
	Theme	Summer holiday in Hampton
	Term	6/15~7/14
상품	KEY ITEM CATEGORY	Men: 스트라이프 폴로 Polo / 버뮤다팬츠 bermuda pants Women: 스트라이프 드레스 Dress / 숏 팬츠 shorts / 수영복 Swimwear
	ITEM	
VMD	CONCEPT	Marine Party in Hampton
	FLOOR	마린 콘셉트 상품 조닝 구성
MKT	IMAGE	Summer 2 광고 이미지 컷 매장 전체 교체
	MUSIC	Lounge music in Hampton Bar
	EVENT	SUMMER FESTIVAL-일정구매고객 BEACH TOWEL 증정 휴게공간 내 Guest House 마련
영업	SALE ITEM	summer 1 상품 일부 30%/액세서리 20%
	STAFF UNIFORM	Men: 화이트컬러 폴로 white polo + 화이트 데님팬츠 white denim pants Women: 스트라이프 드레스 Stripe dress

상품의 테마와 브랜드 전략에서 출발

전사적 마케팅 과정을 통해 VMD 담당자는 매장의 비주얼의 방향을 잡는다. 많은 항목 중에서도 VMD에게 중요한 이슈는 디스플레이해서 보여질 상품이 어떤 콘셉트와 테마를 지녔을 지와 매장 내 구현할 때의 실행방법이다. VMD가 어느 날 갑자기 앤디워홀의 전시회에 다녀와 영감을 받아 "이거 정말 멋지지 않아요?" 하며 모노톤의 시크한 룩으로 가득한 시즌에 컬러풀한 60년대 느낌의 팝 아트를 시도한다면 어떨까.

또는 상품테마는 정확했지만 실행방법에 대해 공유를 하지 않아 브랜드 내에서 "우린 소품 말고 이번에 나온 광고이미지를 썼으면 했지"라거나 "벽장 말고 테이블에 뭔가를 해주었으면 했는데"라는 답이 돌아온다면? 이런 경우, 실제로 꽤 멋진 구현이 되었음에도 불구하고 좋지 않은 피드백을 받기가 일쑤다.

비주얼은 감성적이고 개인적인 판단이 개입되는 업무분야이므로 언제나 모든 고객과 타 부서를 만족시킬 순 없지만 그 방향과 방법을 정확하게 의사소통 한다면 시행착오는 분명히 줄어들 것이고 전략이라는 날개를 달아 더욱 빛날 수 있다.

특히, 브랜드 합의를 이끌어내기 위해 짚어야 할 아래의 영역은 꼭 알아두자.

전사적 마케팅에서 논의할 VMD 영역

❶ 쇼윈도, VP 등에 연출로 보여주고자 하는 상품

❷ 연출 상품의 메인 콘셉트와 테마

❸ 외부, 쇼윈도, VP, PP 등 구현장소

❹ 구현 날짜 및 지속기간

❺ 구현 시 예상되는 비용

❻ 광고이미지, 캠페인, 홍보물 등의 마케팅 매체와의 연계방법

STEP 2

STEP 5 현장화

STEP 4 비주얼 구체화

STEP 3 아이디어 구체화

STEP 2 아이디어 탐색

목표	방법	결과
아이디어 탐색	웹/책/블로그/잡지/ 현장방문 등	다양한 아이디어 소스

STEP 1 방향 정하기

STEP 2 아이디어 탐색

브랜드의 전략과 해당 상품을 이해했으면 이제 아이디어를 얻기 위해 신나게 브레인스토밍을 시작할 때이다.

그런데 아이디어는 어떻게 찾을 수 있는 걸까? 사실, 아이디어는 '이제부터 내야지. 시작' 한다고 뚝딱 나오는 게 아니다.

개인이 살아오는 시간 동안 보고 듣고 느낀 경험과 지식이 한데 묶여 현 프로젝트에 슬며시 살아나와 발휘되는 것이다.

평상시 어떤 주제나 분야에 관심을 가져왔는지, 본인만의 취향을 가지고 있었는지에 따라 아이디어의 방향과 질이 달라진다.

흔히 좋은 주제나, 접근법은 지금 당장 사용하지 않더라도 나중에 다른 주제, 다른 표현방법으로 쓰면 좋은 결과로 이어질 수 있다.

그러므로 관심분야나 눈에 띄는 아이디어는 분야를 가리지 않고 흡수해 내 것으로 만드는 습관이 필요하다.

오프라인에서는 기발한 이미지나 기사를 스크랩해두거나 사진을 촬영해 정리해두고, 온라인에선 이미지 파일을 저장하거나 즐겨찾기를 해두자. 이렇게 축적된 나만의 지식은 콘셉트마다 어떤 콘텐츠로 접근해야 할지를 더 잘, 쉽게 알 수 있게 하는 실질적인 자양분이 된다.

패션은 사람들이 평범한 하루에 만나게 되는 가장 익숙한 디자인 분야다. 현재 우리들의 라이프스타일과 문화를 솔직하게 반영하기 때문에 단순히 예쁘다거나 멋지다는 것으로만 어필한다면 생명력도 짧고 다분히 개인적인 취향 안에만 머물게 된다. 게다가 패션은 계절보다 더 빠르게 디자인이 나와 더 빠르게 사라진다.

그래서 VMD에게는 속도감 있게 세상의 이슈와 문화를 알고, 사람들이 느끼는 것, 원하는 것을 함께 공감하는 능력이 필요하다.

아무리 바쁘거나 피곤하더라도 집에만 있지 말고 지금 하고 있는 전시회, 음악회, 강연회부터 멋진 클럽, 레스토랑, 서점, 패션매장으로 돌아다니자. 말 그대로 많이 보고 접하는 것이 남는 것이다.

그러나 문제는 평상시에 아무리 신발이 닳도록 돌아다니고 많은 것을 보았어도 막상 어떤 비주얼 콘셉트를 잡으려 하면 이 모든 경험들이 마치 통장의 월급 잔고처럼 어디론가 사라져 버린다는 데 있다.

떠오르는 것이 있다 하더라도 너무 단편적이거나 마구 엉켜버려 이것이 정말 괜찮은 아이디어인지에 대한 자신감이 자꾸 사라져 가기 일쑤다.

우리가 천재적인 디자이너라면 끝내주는 아이디어가 지하철에서 창밖을 멍하니 보다가 또는 화장실에서 이를 닦다가도 갑자기 샘솟을 수도 있을 것이다. 하지만 대부분의 평범한 우리는 많은 시간을 투자해 스터디하고 리서치해야 막연했던 주제를 그나마 참신한 아이디어로 발전시킬 수 있다.

또 아이디어 자체가 다소 진부하더라도 비주얼적인 완성도를 더하기 위해서 아이디어를 발전시키는 연습을 해야 한다.

이번 STEP 2는 갖가지 방법으로 아이디어를 탐색하고 발전시키는 방법을 소개한다.

다양한 아이디어와
요소를 찾는 6가지 접근법

이 단계에서 쉽게 범하는 오류는 디자인을 완성할 아이디어를 찾겠다는 조급함이다.

이때는 찾고 있는 주제 안에서 뚜렷한 방향이 없더라도, 다양하고 재밌는 요소와 이야기를 많이 발견하겠다는 느긋함을 가져야 한다.

그래서 가끔 다소 딴 길로 새고 있다 느껴질 수도 있다. 예를 들어, 밸런타인의 모티프를 찾으면서 딸기 케이크 굽는 법이나 개 모양 풍선 아트를 보고 있어도 언젠가 그 아이디어를 사용할 경우가 생길 수 있으니 완전히 시간을 낭비하는 것은 아니라는 것이다. 오히려 내 머릿속을 당장 잡동사니처럼 보이는 잡다한 생각과 이미지들로 마구 흩어뜨려야 그중 한두 개가 쓸모 있는 것으로 변한다.

브레인스토밍 시간은 길게는 일주일, 짧게는 2~3일 정도 꼭 할애하는 것이 좋지만, 항상 시간에 쫓기는 VMD들에게 이 스케줄 만들기는 쉽지 않다. 하지만 기억할 것은 VMD의 가장 특화된 업무분야가 비주얼 디자인이라는 것이다.

매장 오픈을 몇 시간 더 빨리 진행하는 것, 매장 라운딩을 하나 더하는 것은 '그냥' 업무를 한 것이지만 쇼윈도 디스플레이를 멋지고 창의적으로 진행한다면 이는 일을 '잘'하는 것이다.

이 며칠 동안의 브레인스토밍 시간이 전체 비주얼의 질을 판가름한다는 것을 잊지 말자.

다음은 쉽고 효과적으로 적용할 수 있는 아이디어 찾는 접근법이다.

포털 사이트 키워드로 접근하기

키워드 꼬리물기: 확장하기

이는 누구나 손쉽게 해볼 수 있는 방법이다. 바로 포털 사이트에서 검색어로 찾은 이미지와 단어들을 계속 꼬리에 꼬리를 물어서 가지치기를 하거나 구체화해 아이디어로 발전시키는 방법이다.

사람마다 같은 키워드에 같은 포털 사이트를 이용해도 찾아내는 이미지나 소스는 천차만별이다. 여기에도 기술이 필요하단 뜻이다.

가령 이번 시즌 콘셉트가 '마린(Marine)'이라고 하고 구체적으로 작업과정을 탐색해보자. 마린은 여름마다 지겹도록 되풀이하는, 정말 자주 잡는 콘셉트 중 하나다.

흔한 주제라는 것은 누구에게나 익숙하기 때문에 크리에이티브 하기가 정말 어렵다. 이 지겹고도 익숙한 마린에서 얼마나 신선하고 다양한 이미지와 소스를 뽑아낼 수 있을까.

흔히 VMD들은 키워드를 검색창에 써 넣고는 검색된 이미지만을 본다. 시각적인 것에 익숙한 사람들이니 당연한 일이지만 실은 그 이미지가 어디서 왔는지를 뿌리에서부터 파고드는 것이 훨씬 중요하다.

마린이라는 단어를 듣자마자 스트라이프, 닻, 튜브를 검색한 후 약간의 고민 후 닻 모양 소품을 놓아버린다면 어떤 새로움도 없는 지루하고 따분한 비주얼이 될 것이다.

콘셉트의 헤리티지를 이해한다

포털 사이트에서 검색어 꼬리물기를 할 때는 국내 포털 사이트보다는 구글, Bing 등 해외 포털사이트나 위키피디아를 이용하는 것이 좋다.

해외사이트는 공식 웹사이트와 연관된 사이트들이 훨씬 많아 오리지널 콘셉트와 헤리티지를 알 수 있고, 그에 따른 검증된 이미지와 소품 등 접목시킬 수 있는 많은 소스를 갖고 있기 때문이다.

특히 위키피디아는 처음 리서치를 할 때, 사실을 바탕으로 한 '날' 지식을 얻고자 할 때 유용하다. 블로그나 SNS처럼 개인의 의견으로 지나치게 가공되지 않아 어느 정도는 믿을만하고 연계된 링크와 자료들이 많아 연관된 카테고리까지 확장이 가능하다.

기억하자. 이 단계에서 우리는 구체적인 시안을 잡는 것이 아닌, 정보의 바다 속에서 느긋하게 방황해야 하는 것임을.

키워드를 꼬리물기로 확장한다

연관된 공식 사이트나 링크된 사이트에 들어가 콘셉트의 히스토리와 이미지를 찾아보고 사이트에 링크된 다른 사이트들을 들른다. 검색 도중 새로운 단어를 발견하면 그 키워드를 다시 검색창에 입력해 다시 찾는 일련의 탐색과정을 통해 계속 키워드를 확장할 수 있다.

예를 들면, 마린룩이 19세기 영국해군의 군복으로 채택된 세일러 수트가 보편화되면서 여름을 상징하는 패션으로 자리매김하게 된 사실과 더불어 다양한 배의 종류와 구조, 부속품, 항해도구, 항해 깃발, 수신호의 종류 그리고 내부 선상파티에서부터 해안가, 부두의 풍경, 마린 클럽 하우스 심지어 바다를 누비는 해적까지 어마어마하게 확장된 결과물을 얻을 수 있다.

그러다 생각지 못했던 사실로 당황할 수도 있다. 청량한 여름에 쓰기에는 비주얼적으로 적합하지 않은 정보들, 가령 해군의 역사, 배의 종류, 해군 공식 유니폼까지 알아냈기 때문이다. 이때부터는 특정한 방향 없이 떠오른 많은 키워드 중에서 내가 원하는 방향의 확장어로 검색 범위를 좁히고 가지치기를 해야 한다.

키워드 가지치기: 좁히기

키워드는 꼬리물기로 넓게 확장하다가 어느 정도 마음에 드는 방향을 발견했을 때 좁혀나가야 한다. 이를 가지치기라고 할 수 있는데 첫 번째 기준은 아이디어의 참신함이지만, 다음에 생각해야 할 것은 현장화가 가능한지 그리고 구현되었을 때 괜찮은 비주얼일지를 판단하는 것이다. 어쨌든 매장에 구현되는 것이 작업의 최종목표이기 때문이다.

현장화 여부를 고려한다

배의 내부 구조, 마린 클럽의 깃발과 문양, 항해도구 등은 오브제가 명확하고 구체적인 형태로 보여주는 것이 가능하기에 더 깊게 조사한다.

그러나 배의 종류나 해군의 캠핑 생활 등 너무 광범위하고 표현하기 난해하다고 생각되는 방향의 키워드는 버린다.

쉽게 구별하는 방법 중 하나는 포털 사이트 내 '이미지' 항목에서 입체적으로 표현된 오브제나 이미지가 있는지를 찾아보는 것이다. 다양한 키워드 중 배의 내부 구조와 부속품, 항해도구 등을 좀 더 파악해보자.

키워드 발전시키기: 구체화

키워드 가지치기를 끝내고, 정해진 방향의 키워드를 발전시킬 때는 역시 다양한 방향으로 브레인스토밍을 하고 조사하되 구체적인 오브제나 표현방법을 찾아 아이디어의 완성된 윤곽을 만들어야 한다. 예를 들어 "배의 내부구조 중 조정키를 이용해볼까, 그렇다면 컬러를 바꾸어보면 어떨까 또는 돛이나 키에 상품을 걸어 볼까, 배의 닻을 이용해 광고 슬로건을 보여주면 어떨까" 하는 등의 디테일이다.

STEP 2에서는 정해진 키워드 내에서의 브레인스토밍과 아이디어의 구체화가 핵심으로 이와 같은 방법으로 탐색 과정을 마무리할 수 있다.

키워드 접근 순서

키워드
꼬리물기
확장하기

키워드
가지치기
좁히기

키워드 발전시키기
구체화

키워드 꼬리물기

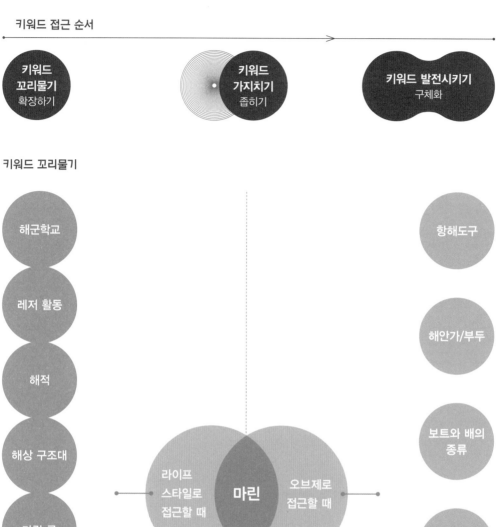

해군학교

레저 활동

해적

해상 구조대

마린 룩

해양관련
영화

MARINE
클럽 활동

선상파티

라이프
스타일로
접근할 때

마린

오브제로
접근할 때

항해도구

해안가/부두

보트와 배의
종류

항해 깃발

마린 클럽
하우스

배의 구조와
부속품

키워드 가지치기

배의 종류
크루즈, 모터보트, 피싱보트 등

항해 깃발
국가별 항해
깃발, 신호

해안가/부두
클럽 하우스, 등대,
부둣가, 말뚝, 갈매기 등

배 내부 구조
조타실, 계기판, 갑판대, 현창 등

항해도구
나침반, 지도, 망원경, 램프,
모래시계, 돋보기 등

배 운행 부속품
로프, 키, 계기판, 부표, 도르래,
닻, 노, 구명튜브, 구명조끼

관련 웹사이트 즐겨찾기

RETAIL DESIGN BLOG
www.retaildesignblog.net

최신 패션 디스플레이와 윈도 디자인, 매장 디자인, 조명, 패키지 등 리테일에 관한 모든 업데이트 뉴스를 알 수 있다. 주기적으로 방문해서 업데이트된 매장들을 저장해도 되고 특정 브랜드를 검색해서 찾을 수도 있다. 자료를 검색할 때는 설명을 함께 읽어보는 것이 좋다. 매장이 어떤 콘셉트와 특징을 가졌는지 잘 설명되어 있어 실제 매장에 콘셉트를 구현하는 스킬과 방법을 알 수 있다. 게다가 친절하게도 무료라서 개인이 보기에 적합하다.

WGSN
www.wgsn.com

유료회원들에게만 제공되는 패션과 디자인 트렌드 전문 사이트. 주기적으로 업데이트되는 베스트 VM 자료가 가득하고 주제별, 카테고리별로 다양하게 검색할 수 있다. 하이패션, 스트리트패션, 인테리어, 디스플레이, 패키지, 컬러에 이르기까지 다양한 분야의 정보가 있어 전문 사이트 중 최고인 만큼 회원비가 비싸다. 영어로 되어 있어 해외 패션업계에서 많이 사용되는 용어도 알 수 있다.

삼성디자인넷
www.samsungdesign.net

삼성 패션연구소에서 유료로 제공하는 패션 전문 사이트. 디자이너 컬렉션에서 스트리트 패션에 이르기까지 스타일과 패션정보가 충실하다. 거기다 한국시장에 맞는 패션시장 분석,

이슈 등 업계정보와 전시회, 박람회의 리포트가 업데이트된다.

글로벌 각지의 비주얼 머천다이징에 대해 기간별, 주제별로 다양하게 검색할 수 있다.

PINTEREST
www.pinterest.com

이미지를 모을 때 매우 유용한 사이트. 말 그대로 본인의 INTEREST를 PIN으로 꼭 찍어서 받아볼 수 있는 소셜 사이트다. 처음 가입할 때 분야를 지정해놓으면 관련된 이미지를 가지런히 분류할 수 있어 시간도 절약되고 콘텐츠가 주기적으로 업데이트되며 추천도 받을 수 있다. 휴대폰 앱으로 다운받아 이동 중에 보면 그야말로 걸어 다니는 아이디어 뱅크가 따로 없다. 전 세계 재능 있고 감각 있는 사람들의 작품을 통해 예상치 못한 아이디어와 연출방법을 배울 수 있다.

dezeen
www.dezeen.com

패션과 VMD 중심의 정보에 치우치기보다 전반적인 건축과 디자인, 아트, 과학, 기술에 걸친 폭넓은 정보를 원할 때 들르면 좋은 사이트다.

Behance
www.behance.net

디자이너들의 포트폴리오 사이트. 다른 디자이너, 작가들의 작품을 보며 신선한 자극을 받을 수 있다. 유료로 나의 포트폴리오도 만들 수 있다.

Wallpaper
www.wallpaper.com

건축, 디자인, 패션, 여행 그리고 라이프스타일 등 다양하고 포괄적인 주제를 다루는 사이트. 유익하고 현재 화두가 되고 있는 예술, 문화 분야의 트렌드를 알 수 있다.

Color.adobe
color.adobe.com

Adobe에서 제공하는 컬러조합 웹사이트. 컬러 색상 및 색상 조합을 찾을 수 있고 패션, 인테리어, 상품, 푸드에 걸쳐 아름답고 트렌디한 정보를 제공해준다.

Adobe stock
Shutter stock
pixabay

다양한 이미지사이트, 사진, 벡터 등 다양한 형식의 이미지들이 있고 가격도 무료와 유료 등 다양하다.

다양한 스타일 잡지

패션 비즈니스에 종사하는 VMD에게 패션잡지는 일종의 교과서다. 패션 트렌드를 읽어 고객의 니즈를 파악하는 것 외에도 새로 나온 브랜드를 파악하고, 광고를 통해 경쟁브랜드의 마케팅 전략과 상품도 알 수 있다.

잡지의 화보는 컬러나 코디네이션이 드라마틱하고 과장되게 표현되어 디스플레이에 바로 적용할 수 있다.

한정된 공간 내에서 사용되는 소품과 모델의 배치에서는 구성 감각을, 모델의 포즈에서는 마네킹의 포즈를 연상할 수 있다. 화보의 타이틀도 콘셉트나 슬로건을 만드는 데 유용하다.

건축, 인테리어, 홈스타일 잡지

월별로 나오는 인테리어 잡지에서 시즌에 맞게 제안된 공간의 구성방법, 컬러 배치와 데커레이션 지식을 알 수 있다. 또한 최신 조명이나 벽지, 가구, 소품 등의 정보도 얻을 수 있다.

특히 트래디셔널 브랜드나 크리스마스, 썸머베케이션 등 계절에 따른 라이프스타일을 보여주는 디스플레이를 할 때 아주 유용하게 활용할 수 있다.

공간 디자인 전반에 관심이 있다면 건축 잡지 역시 유용하다.

전문 라이프스타일 잡지

담당하는 브랜드에 맞는 전문잡지를 구독한다. 특히 아웃도어, 스포츠 등의 브랜드는 옷뿐만 아니라 용품이나 장비의 트렌드가 빠르고, 새로운 테크놀로지에 민감하기 때문에 전문 잡지를 통해서 지식을 업데이트해야 한다.

같은 카테고리의 타 브랜드 조사

모델 브랜드나 같은 카테고리와 고객을 가진 경쟁브랜드의 쇼윈도와 상품진열을 주기적으로 업데이트하자. 특히 해외 모델브랜드에서 시즌 쇼윈도, 광고 테마, 코디네이션 스타일을 업데이트해놓으면 참고할만한 아이디어와 트렌디한 착장 코디네이션 방법도 알 수 있다.

화보를 눈여겨보면 재밌는 테마와 캠페인 문구도 알 수 있다.

하이패션 런웨이 쇼

많은 VMD들이 리테일 매장만을 보느라 런웨이를 눈여겨보지 않는 경우가 있다. 하지만 패션쇼를 봐야 패션에 대한 안목을 키우고 트렌드가 어디서 어떻게 오는지를 알 수 있다.

대부분의 패션브랜드 트렌드가 하이패션에서 오는 것이기 때문에 시즌마다 비슷한 카테고리의 브랜드들은 밀고자 하는 스타일이 비슷해지게 마련이다. 그러므로 담당 브랜드가 하이패션이 아니더라도 항상 관심을 가지고 알아두면 언제나 최신 트렌드를 본인의 브랜드에 접목시킬 수 있다.

리얼웨이가 아닌 런웨이에서는 상품의 콘셉트를 극대화해서 과장되게 보여주어 예술적인 영감을 직접 얻을 수 있다. 최근 하이패션 런웨이에서는 무대디자인의 중요성을 파악하고 소품이나 연출물 등이 강조된 쇼를 많이 보여주고 있다.

해당 콘셉트의 장소견학

국내에 없거나 계절이 맞지 않는 테마를 진행할 때를 제외하고는 방향이 정해지면 아이디어를 좀 더 구체화하기 위해 해당 장소를 찾아가는 것이 좋다. 이는 머리에만 맴돌던 기존의 아이디어를 더 재밌고 디테일한 아이디어로 발전시킬 수 있는 좋은 해결방법 중 하나이다. 만약 테마파크가 콘셉트라면 책상에 앉아 인터넷으로 테마파크를 검색하기보단 직접 가보자. 포털 사이트에서는 찾을 수 없는 놀이기구의 종류와 디테일, 그리고 현장의 분위기를 파악할 수 있다. 테마파크의 즐거움을 표현하는데 열차나 바이킹 외에도 솜사탕이나 야광 헤어밴드, 티켓, 비눗방울처럼 소프트한 아이디어도 있다는 것을 알 수 있다. 또한 연인들의 즐거운 표정과 아이의 웃음에서 콘셉트를 직접 느끼면서 감성지수를 높일 수 있다.

STEP 3

STEP 5 현장화

STEP 4 비주얼 구체화

STEP 3 아이디어 구체화

목표	방법	결과
아이디어 구체화	이미지맵 만들기	완성된 이미지맵

STEP 2 아이디어 탐색

STEP 1 방향 정하기

STEP 3 아이디어 구체화

이미지맵 만들기

STEP 2의 긴 스터디 작업을 거쳐 이미지 소스를 모은 후 할 일은 시안으로 발전시킬 이미지들을 조합하여 분명한 메시지를 가진 이미지맵을 만드는 것이다.

우선 STEP 2에서 찾아낸 아이디어들을 카테고리별로 제목을 정한 후 좋다고 생각되는 이미지들을 신중히 고른다. 이때 현장화하기 적합한 아이디어가 무엇일지 생각하면서 고른다.

이미지맵은 찢어서 스크랩을 해도 되고 PPT에 얹으면서 본인 스타일로 자유롭게 만들면 된다. 하지만 최종 이미지맵은 시안을 한눈에 유추할 수 있게끔 완성도 있고 일관된 이미지로만 이루어져야 한다. 첫눈에 영감이 오지 않고 왜 해당 이미지를 넣었는지 하나하나 설명해야 한다면 그것은 좋은 이미지맵이 아니다. 스터디한 시간이 아깝더라도 임팩트가 약한 것은 버리고 대표적인 이미지로만 고른다. 버린 이미지는 폴더화해서 테마별 카테고리로 저장해 놓으면 나중에 요긴하게 사용할 수 있다.

STEP 3에서는 시즌별로 자주 사용하는 단골 테마 5가지에 낱낱의 이미지들을 사용해 완성도 있는 이미지맵으로 만드는 과정을 알아보자.

STEP 2에서 얻은 것

정해진 Theme의
다양한 이미지 소스

어떻게?

STEP 3에서 얻을 것

임팩트 있게 표현된
한 장의 이미지맵

- 임팩트가 약한 이미지는 버리고 대표적인 이미지로만!
- 강조하는 이미지를 크게. 나머지는 작게 강약을 주자!
- 컬러와 폰트의 사용이 일관된 톤 앤 매너를 지니도록!

단골 테마 10가지와 이미지소스

구분		THEME	연관 이미지 소스
1	봄	밸런타인	선물/포장/리본/초콜릿/LOVE/KISS/파티/풍선/핑크컬러/케이크…
2		신학기	강의실/캠퍼스 교정/블랙보드/책상/의자/책/학교 깃발/사물함/학교 재킷/기숙사/카페테리아/클럽활동/클럽 엠블럼, 깃발…
3	여름	해변	비치 액티비티–서프, 워터스키, 스노쿨링, 비치발리볼/라이프가드/야자나무/리조트/비치 파라솔/비치용 의자/우디…
4		마린	배 관련: 크루즈/조타실/계기판/갑판대/키/부표/도르래/닻/노/돛/구명튜브/선상파티/해적 해안가: 클럽 하우스/등대/부둣가/말뚝/갈매기…
5	가을	캠핑/아웃도어 라이프	베이스캠프–깃발/캠핑용품–텐트, 의자, 취사도구, 랜턴, 카메라/등산용품–로프·카라비너/아이젠/장작/단풍/낙엽…
6	겨울	크리스마스	크리스마스 선물/양말/전구/가랜드/오너먼트/파티/촛대/케이크/산타클로스/벽난로/루돌프/썰매/캐롤/wonderland/fairtale…
7	장소	GYM	체육관/코트/마루/뜀틀/락커/치어리더/응원단…
8		아틀리에/작업실	의상 디자이너의 작업실: 재봉틀, 제도, 원단, 실, 자, 가위, 토로소 바디. 거울, 스크랩사진… 아티스트의 작업실: 이젤, 스케치북, 물감, 붓, 작품…
9	지역	미국 (캘리포니아, 뉴욕)	캘리포니아: 지도/자동차도로 루트 66/Gold rush/50~60년대/비치해변/서프/여행/라스베이거스/요세미티 공원/레이크 타호 뉴욕: Skycrafer, 야경, 자유의 여신상, 엠파이어스테이트빌딩, 브룩클린, 스트릿 아티스트, 그래피티
10		프랑스(파리)	삼색컬러(화이트 + 레드 + 블루)/에펠탑/루브르/와인과 샤또/물랑루즈/베르사유/복식/몽마르트/아티스트/살롱/카페/미드나잇 인 파리

밸런타인

이미지소스 모으기

선물, 포장, 리본

LOVE,
KISS,
파티,
풍선

컬러의 톤 앤 매너가 돋보이는 이미지맵

한 장의 이미지맵은 추후에 나올 비주얼 시안을 연상할 수 있어야 한다. 그러기 위해선 STEP 2에서 얻은 다양한 이미지소스(선물, 풍선, 키스, 초콜릿)들을 배열할 때, 쭉 같은 사이즈로 지루하게 넣어선 안 된다.

아이디어를 가장 잘 표현하는 대표적인 이미지는 크게, 부수적인 것은 작게 강약을 주어서 배열하자.

또한 이미지맵의 메인 컬러와 폰트 역시 같은 느낌으로 일관되게 완성도를 주어 이미지맵 자체가 콘셉트를 표현하도록 만들자.

제시된 샘플 이미지맵을 보면 앞서 본 여러 장의 이미지들 중 키스하는 사진과 선물 상자, 키스 모양 풍선을 'Kiss My Valentine'이란 타이틀과 함께 보여준다.

또한 이미지맵을 핑크와 블랙의 컬러로 통일시켜 비주얼 시안의 톤 앤 매너가 돋보인다.

신학기

이미지소스 모으기

강의실, 칠판, 책상, 의자, 책

학교 깃발, 사물함, 클럽 엠블럼

콘셉트를 대표하는 인물 배치로 표현한 이미지맵

콘셉트를 한눈에 알 수 있는 착장과 포즈를 지닌 인물 컷을 크게 배치하는 것은 별다른 추가 설명 없이 해당 콘셉트를 연상케 할 수 있는 좋은 방법이다. 아래는 신학기를 표현한 이미지맵으로 뿔테 안경과 옥스퍼드 셔츠를 입은, 마치 대학 캠퍼스에서 만날 법한 여학생 같은 인물을 크게 배치했다.

배경으로 칠판, 책, 석고조형물 등의 소품으로 재미있는 디테일을 더하였다.

해변

이미지소스 모으기

비치 액티비티, 서핑, 워터스키, 스노클링, 비치 발리볼, 비치 의자

야자나무, 리조트, 파라솔, 우디

라이프스타일이 느껴지는 이미지맵

해변, 야자나무, 서프보드 등의 이미지소스들을 자연스럽게 녹여내 라이프스타일로 접근한 이미지맵이다.

특히 이미지들을 빛바랜 컬러로 보여주어 최종 비주얼 디자인이 다소 복고풍의 올드한 느낌이 될 것임을 짐작케 한다.

독특한 점은 이미지소스들을 배치할 때 '사진'이라는 또 하나의 디자인 요소를 부여한 것인데 이때 주의할 점은 추가되는 요소 역시 원래 콘셉트와 연결되어 있어야 한다는 것이다.

아래 제시된 이미지맵에서는 '해변 → 여름날의 추억 → 사진'이라는 자연스러운 연결고리가 있다.

마린

이미지소스 모으기

배 관련

조타실, 계기판, 갑판대, 키, 부표,
도르래, 닻, 노, 구명튜브, 항해깃발

해안가, 부두

클럽 하우스, 등대, 부둣가,
말뚝, 갈매기

상품과 스타일 위주의 이미지맵

시즌에 판매할 주력상품과 모델 컷을 전면에 배치해 상품과 스타일을 강조한다.

데크나 말뚝, 돛을 올리는 선원 등의 이미지에 'GONE SAILING'이라는 타이틀을 삽입해 항해라는 테마를 확실히 각인시키며 이를 흑백으로 처리해 오래된 사진이나 고전 영화를 보는 듯한 느낌을 준다.

배경이 흑백이어서 주력상품과 모델 컷 등이 더욱 돋보인다.

크리스마스

이미지소스 모으기

크리스마스 트리

크리스마스 선물, 전구, 오너먼트 관련

구현될 신(scene)을 표현한 이미지맵

이미지맵만으로 마치 해당 신이 구현된 것처럼 보이는 이미지맵이다.

눈 덮인 산 속에서 크리스마스 트리를 자동차 위에 싣고 가는 재밌는 풍경을 포착했다.

작은 자동차 안에 해사하게 웃고 있는 이들은 행복한 크리스마스의 분위기에 한껏 젖은듯 하고, 눈이 내려앉은 나무는 계절감을 느끼게 한다.

사용할 소재 스와치가 제시되어 주력상품을 한눈에 확인할 수 있다.

STEP 4

STEP 5 현장화

STEP 4 비주얼 구체화

목표	방법	결과
비주얼 구체화	시안 드로잉	비주얼 시안
	포토샵, 일러스트레이터, 3D 그래픽 프로그램 등	

STEP 3 아이디어 구체화

STEP 2 아이디어 탐색

STEP 1 방향 정하기

STEP 4 비주얼 구체화

이미지맵이 완성됐다면 이제는 어떻게 표현할지를 구체화하여 구현될 시안을 그릴 단계다. 한 가지 테마로도 표현할 수 있는 비주얼 시안은 무궁무진하다. 밸런타인, 여름휴가나 크리스마스 같은 테마는 해마다 돌아오는 연중행사지만 비슷한 테마라도 디스플레이에는 브랜드마다 차이가 있다. 이는 아이디어나 모티프가 크게 달라서가 아니라 표현 방법의 차이 때문이다.

STEP 4에서는 앞서 예로 든 '마린' 콘셉트가 표현 방법에 따라 어떻게 다른 시안으로 만들어지는지 그래픽 툴을 활용해 3가지의 다른 표현 전개로 설명하고자 한다.

'상품의 특징을 강조하는 법,' '라이프스타일로 보여주는 법,' '그래픽으로 단순화해서 보여주는 방법'을 통해 비주얼을 구체화하는 법을 좀 더 살펴보자.

상품의 특징 강조하기

마네킹이 착장하고 있는 상품의 패턴인 스트라이프와 닻 모양을 배의 돛에 표현해 상품의 특징을 전달하고 동시에 주목도를 높인 시안이다. 삼각형 형태의 돛이 서로 대칭을 이루는 구도로 돛은 1:3, 마네킹은 2:1의 다른 비중으로 구성하여 재미를 주었다.

라이프스타일 보여주기

뉴포트 해변 부둣가 어부들의 라이프스타일을 생동감 있게 구현한 시안이다. 막 잡아 올린 싱싱한 로브스터와 킹크랩을 담은 커다란 나무 상자를 쇼윈도 중앙에 배치해 주목도를 높인다. 그에 연결된 도르래와 밧줄, 높낮이 있는 마네킹의 구도가 짜임새 있고 안정감 있다.

배경의 SEAFOOD 간판으로 로브스터와 킹크랩이 곧 레스토랑의 접시 위로 보내질 것임을 알리는 재미있는 디테일을 더했다.

그래픽으로 단순화하기

마네킹들이 올라가 있는 나무 데크는 실제 입체적인 소품으로 제작하고, 배경의 크루즈처럼 표현이 어려운 요소는 그래픽으로 단순화했다. 쇼윈도에 물고기, 바다 산호, 그리고 at the beach라는 문구를 스티커로 처리하여 심플하지만 재미를 주는 시안이다.

사례로 보는 비주얼 전개 방법

비주얼 디자인은 어느 정도 감성의 영역에 속한다. 따라서 개인의 취향에 따라 좋고 나쁨이 정해지는 것이기에 이렇게 표현되어야 맞다는 정답은 없다. 하지만 A라는 표현 방식으로 접근하면 A처럼, B라는 표현 방식으로 접근하면 B처럼 보인다는 사실은 분명하다. 패션 매장의 사례를 분석해보면 더욱 이해가 빠를 것이다.

사실 세상의 많고 많은 브랜드의 비주얼을 어떤 표현 방법, 어떤 소재, 어떤 구도로 접근했는지를 분류한다는 것은 꽤 어려운 작업이다. 따라서 최대한 현재 패션 브랜드에서 많이 보이는 쇼윈도들을 분석해 15가지 표현 방법으로 분류했다.

구현된 쇼윈도 사례로 본 15가지 표현 방법

① 라이프스타일 보여주기

② 상품특징 부각하기

③ 컬러로 강조하기

④ 사이즈 변형하기

⑤ 소재 변형하기

⑥ 그래픽으로 단순화하기

⑦ 광고 이미지와 통일하기

⑧ 로고 플레이

⑨ 오브제 조합하기

⑩ 부분으로 전체 표현하기

⑪ 해체하여 보여주기

⑫ 유머, 반전의 재미

⑬ 사회적 이슈 노출하기

⑭ 살아있는 VMD

⑮ 고객 스스로 경험하기

① 라이프스타일 보여주기

상품의 테마는 언제나 고객의 라이프스타일에서 출발하기 마련이다. 브랜드 주 고객의 라이프스타일에 일관된 테마를 제안하는 것은 소비자의 입장에서는 바로 자신의 삶과 통하는 것이기 때문에 더욱 친밀하게 느끼기 마련이다. 상품 하나하나를 노출하기보다 라이프스타일로 접근하는 대표적인 브랜드는 랄프 로렌(Ralph Lauren), 타미 힐피거(Tommy Hilfiger)와 같은 전통 브랜드가 주를 이룬다. 골프, 신사복 같은 로열 고객이 많은 브랜드 역시 라이프스타일로 보여주기를 많이 시도한다.

서핑보드 작업대와 각종 서핑도구 등으로 가득 찬 작업실을 재현해 서퍼들의 라이프스타일을 보여준다.

나무 바닥, 빨간 벽돌과 낙서, 각종 운동기구를 이용하는 마네킹을 연출해 캠퍼스의 체육관 콘셉트를 표현했다.

눈보라 치는 도로 위를 빈티지 자동차로 겨울여행을 떠나는 듯 생동감 있게 표현했다.

② 상품특징 부각하기

상품을 강조하는 방법은 2가지가 있다. 첫 번째는 컬러, 소재, 모티프, 그래픽, 패턴 등의 특징을 찾아 디자인적인 요소로 부각시키는 방법이다. 두 번째는 상품 자체를 보여주는 방법이다. 상품이 속한 테마를 연출하거나 어울리는 소품을 이용하면 상품이 자연스럽게 강조된다.

디자인 특징 부각시키기

상품의 디자인 포인트인 다양한 사이즈와 컬러의 도트를 마네킹 착장은 물론. 쇼윈도 스티커까지 활용해 귀엽고 심플하게 주목도를 높였다.

LOUIS VUITTON, PARIS

상품 시리즈의 주요 특징인 플로럴 포인트를 네온으로 오브제화해 강조했다.

(왼쪽)플로럴, 기하학 패턴 등 상품이 가진 패턴을 오브제화해 연출했다.

스팽글, 레이스, 레오파드 등 마네킹이 착장하고 있는 상품의 독특한 질감을 오브제화해 연출했다.

상품 자체를 연출하기

주력 상품의 다양한 디자인과 컬러를 직접 노출해 오로지 상품에 초점을 맞췄다.

티셔츠를 조합해 문자 T자를
만들어 주목도를 높였다.

타조가죽으로 만들어진 가방임을 강조하기 위해 타조알 소품 안에 가방을 연출했다.

③ 컬러로 강조하기

상품의 메인 컬러 또는 부각하려는 포인트 컬러로 공간을 통일해 컬러 자체가 콘셉트로 인지된다.

스타일이 같은 상품의 컬러가 많다면, 그러데이션으로 구성하여 컬러의 다양함을 극대화한다.

소품 컬러를 화이트로 통일해 컬러감을 극대화했다.

마네킹이 착장한 의상의 레드 컬러를 소품과 배경에 동일하게 적용했다.

④ 사이즈 변형하기

사람들이 인지하고 있는 사이즈보다 사물이 예기치 않게 크거나 작게 보이면 강한 주목을 끌 수 있다.

SONG OF SONG, HONGKONG

솔방울, 마스카라의 사이즈가 실제보다 과장되어 호기심을 자극한다.

ANTHROPOLOGY, PORTLAND

커다란 사이즈의 거품기가 눈길을 끈다. 배너 이미지의 핑크빛 드레스와 동일하게 입은 마네킹착장으로 전략상품을 강조하며 IT'S YOUR PARTY라는 슬로건이 윈도에 부착돼 전체 윈도의 콘셉트를 잘 설명한다.

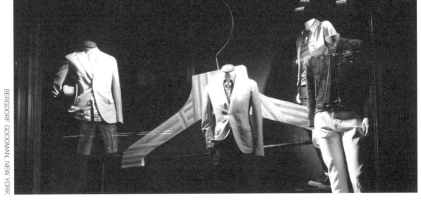

BERGDORF GOODMAN, NEW YORK

스트라이프 무늬가 들어간 큼직한 가위와 옷걸이가 디자이너의 아틀리에 느낌을 주는 동시에 재미를 준다.

⑤ 소재 변형하기

일반적인 것과의 연속성이 깨지게 될 때 '왜?'라는 질문과 관심이 쏠리게 된다. 기존에 흔히
쓰이는 소재를 다르게 표현해보자.

와이어로 만들어진 곰과
곡예사 등으로 연출된
서커스 무대

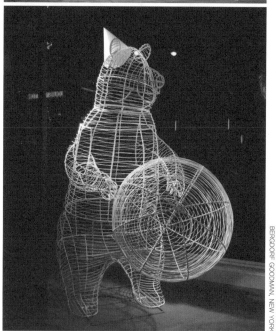

BERGDORF GOODMAN, NEW YORK

'the news is out… coats are in'이라는 슬로건을 위트있게 풀어냈다. News를 Newspaper로 표현한 뒤 다양한 오브제를 활용해 재미를 준다.

쓰레기통에서 나온 비닐봉지가 날아가는 새로 변형되는 과정을 감각적으로 표현했다.

일반 시트지가 아닌 눈 스프레이를 뿌려 글자를 표현해 마치 윈도에 눈이 내린 것 같은 효과를 주었다.

커다란 흰 종이를 구겨 눈 더미를 표현하고, 눈가루와 고드름 등의 소품을 더해 사실성을 높였다.

종이로 낙타를 만들어 표현하기 어려운 오브제를 간단하고 효과적으로 표현하였다.

⑥ 그래픽으로 단순화하기

그래픽으로 단순화하는 방법은 간소한 그래픽 이미지를 보여주면서 실제의 모습을 상상할 수 있는 재미를 주는 것이다. 현장구현에 제한이 없는 만큼 상상력에도 제한이 없고 재미있는 아이디어를 다양하게 적용시킬 수 있다. 또한 소품을 제작하는 것에 비해 비용이 적게 들고 현장구현이 빨라 전문가가 아니라도 가능하다.

쇼윈도에 'Kiss my couture'라는 문구와 함께 입술 모양의 스티커를 붙여 심플하게 표현했다.

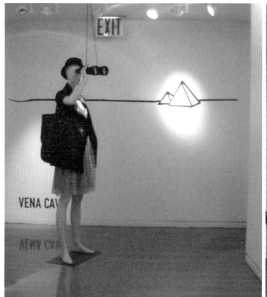

벽에 감각적인 그래픽과 드로잉을 활용해 소품과 연출요소를 대신하는 똑똑한 디스플레이를 구현했다.

외관에 그림을 그려 넣어 건물 전체를 크리스마스 분위기로 디스플레이했다.

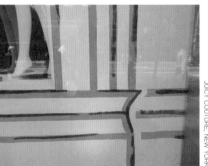

밋밋한 매장 외관에 핫핑크 컬러의 선을 그려 넣어 궁전처럼 변신시켰다.

소녀들이 요리, 음악, 페인팅을 하는 신(scene)을 실제 사물이 아닌 일러스트로 표현해 귀엽고 친근한 느낌을 준다.

⑦ 광고 이미지와 통일하기

광고 이미지를 사용하는 것은 여러 가지의 장점이 있다.

첫째, 브랜드에서 진행하고 있는 광고모델이나 캠페인을 매장 안에서 한번 더 노출할 수 있고, 둘째, 전사적 마케팅이 광고, VMD, 홍보물까지 일관되게 진행되어 임팩트가 있으며 셋째, 비용이 적고 현장구현이 빠르다.

VICTORIA SECRET, NEW YORK

뇌쇄적인 눈빛의 광고 모델이 강렬하게 시선을 끄는 쇼윈도로 구성했다.

GAP, NEW YORK

상품 컷을 촬영한 뒤 이미지 배너로 보여주고 해당 상품은 마네킹이 착장하도록 했다.

⑧ 로고 플레이

브랜드의 로고나 고유의 패턴을 보여주는 것에 초점을 맞춰 표현하는 방법으로 브랜드 인지도가 높은 브랜드에서 선호한다.

루이비통의 전통 패턴인
모노그램 패턴을
다양한 크기와 색상의
네온과 조명으로 표현했다.

LOUIS VUITTON, PARIS

⑨ 오브제 조합하기

소품을 조합해 새로운 오브제를 만드는 방법으로 예상외의 즐거움을 줄 수 있다. 사용하는
재료의 종류가 너무 다양하면 정리가 되지 않으니 한두 가지 재료를 사용한다.

J.CREW, NEW YORK

각종 조개류를 이용해 눈꽃을 만들어, 한겨울 휴가 시즌에 떠나는 해변여행을 표현했다.

아이스크림콘으로 날씨
픽토그램을 만들어
한여름의 뜨거운
날씨를 재밌게 표현했다.

J.CREW, NEW YORK

VICTORIA SECRET, NEW YORK

선물 상자로 트리를 만들어
크리스마스의 선물 패키지를
표현했다.

GAP, NEW YORK

크리스마스를 연상시키는 글
자를 조합해 트리를 만들었다.

⑩ 부분으로 전체 표현하기

표현하고자 하는 오브제의 특징이 되는 부분만을 보여주면서 전체를 연상시키는 방법이다.
자동차나 비행기, 배 같이 사이즈가 큰 사물을 표현할 때 유용하다.

PRADA, NEW YORK

자동차 트렁크 부분만을 노출해 공간을 효과적으로 활용하고 위트까지 살렸다.

⑪ 해체하여 보여주기

인체나 사물을 해체하여 다소 그로테스크하면서도 추상적인 이미지를 표현한다.

OSCAR DE RENTA, PARIS

드레스를 붙잡으려고 공중에 떠오른 팔과 추상적인 배경이 어우러져 환상적인 느낌을 준다.

LANVAN, PARIS

마네킹의 머리를 없애고 의자를 높이 쌓아 익살스러운 기분을
살렸다.

귀여운 기린 모형에 마네킹의 다리를 달아 이색적인 분위기
로 연출했다.

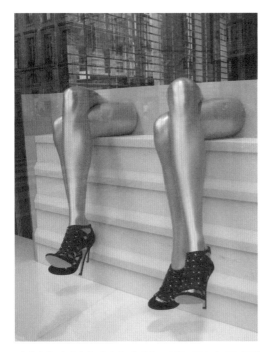

과감하게 마네킹의 다리만 배치해 구두를 돋보이도록 구현
했다.

⑫ 유머, 반전의 재미

누구나 유머를 좋아한다. 재치 있는 쇼윈도는 지나가는 고객의 발길을 멈추게 하고 호기심을 자극한다.

BERGDORF GOODMAN, NEW YORK

북극곰의 권투장면을 구현한 코믹한 겨울의 윈도. 그 광경을 지켜보는 늑대와 바다코끼리의 포멀한 슈트차림이 눈길을 끈다.

PAUL SMITH, NEW YORK

엘리자베스 여왕의 얼굴을 리본테이프로 만들어 영국 브랜드임을 나타냄과 동시에 재미를 주었다.

JEAN PAUL GAULTIER, NEW YORK

하늘거리는 드레스를 해파리와 함께 표현했다.

BARNEY'S NEW YORK, NEW YORK

여성용 보이핏 셔츠와 청바지를 판매하기 위해 남자친구의 옷으로 바꿔 입는 장면을 연출했다.

잘 때 양을 세는
이야기에 착안한
슬립웨어 상품 판매
윈도

JUICY COUTURE, NEW YORK

⑬ 사회적 이슈 노출하기

사회적 관심으로 떠오른 이슈에 동참하면서 자연스럽게 브랜드가 사회적으로 지향하는 비전을 공유할 수 있다.

LEVI'S, NEW YORK

사회적 이슈가 되고 있는 동성애 결혼을 모티프로 한 쇼윈도

100

⑭ 살아있는 VMD

살아 움직이는 VMD보다 더 관심을
끄는 것은 없다. 그 움직임이 반복
되고 지루해지는 시점까지 고객의
시선을 계속 잡아두기 때문이다.

영사기에서 영상이 쏟아져 나오는 듯한 연출.
벽면 위의 작은 사진들이 거대한 영사기 빛의
형태를 이루고 있다.

선풍기를 이용해
리본 오브제가
계속 펄럭이도록
연출했다.

HOLLISTER, NEW YORK

매장 외부와 내부에 거대한 비디오 월을 설치해 캘리포니아의 해변을 실시간으로 보여주며 매장 콘셉트를 분명하게 전달하고
있다.

102

⑮ 고객 스스로 경험하기

고객이 직접 경험하고 참여함으로써 브랜드에 대한 관심을 높이고 브랜드가 지향하는 문화
도 느낄 수 있다.

매장 내에 작은 인
공호수를 만들고 보
트를 구비해 실제
브랜드에서 판매하
는 상품을 매장 내
부에서 체험할 수
있다.

GLOBERROTTER, GERMANY

매장 내에 스포츠
클라이밍을 즐길 수
있도록 인공 홀드를
달아 직접 체험하게
함으로써 아웃도어
브랜딩을 강화했다.

GLOBERROTTER, GERMANY

내려갈 때마다 조명
이 켜지는 재밌는
계단이 고객을 2층
으로 유도한다.

STEP 5

STEP 5 현장화

목표	방법	결과
현장화	발주서 만들기 소품 제작 및 구입 현장 세팅	매장 구현

STEP 4 비주얼 구체화

STEP 3 아이디어 구체화

STEP 2 아이디어 탐색

STEP 1 방향 정하기

STEP 5 현장화

시안작업을 통해 실제로 구현될 디자인 계획을 마쳤다. 다음 단계에서는 발주서 만들기, 소품 제작 및 구입, 현장 세팅의 프로세스를 거쳐 현장화 작업을 진행하게 된다.

발주서 만들기

디자인 시안이 정해진 후에는 제작할 소품들을 제작 업체에 의뢰하여 만들어야 한다. 이때 작업지시서, 발주서를 작성하게 된다. 정해진 포맷으로 매뉴얼을 만들어두면 작업시간도 단축되고 제작업체와 의사소통도 쉽다. 시간이 없다고 이 과정을 건너뛰어 정확한 발주서 없이 전화나 말로 발주를 하게 되면, 서로 잘못 이해해 의도와 다른 제작품이 나오는 경우가 많다. 어떤 종류의 소품을 만드느냐에 따라 발주서에 들어갈 내용은 다르지만 기본적으로 꼭 기재되어야 하는 내용을 아래의 발주서 샘플을 통해 확인하자.

소품 발주서 샘플: 가죽 스툴

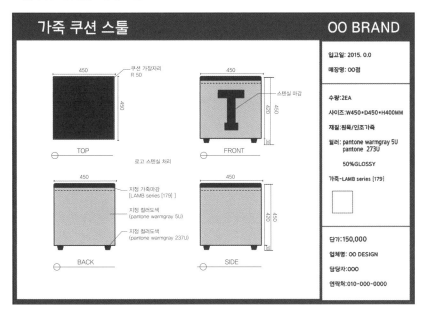

상세 설명에 기재해야 할 내용
- 브랜드명, 입고일, 입고매장
- 소품 도면과 수량, 사이즈, 컬러와 재질(팬톤 번호나 지정 스와치로 정확하게 의사소통)
- 단가, 업체명, 업체 담당자 정보와 연락처

소품 제작 및 구입

소품 발주서는 최소한 입고 날짜 보다 2~3주 전에 의뢰를 해야 시간에 쫓기지 않는다. 재료를 구하기 어려운 시기일 수도 있고 제작업체의 선 작업이 많이 밀려 있을 수도 있기 때문이다.

제작업체에 의뢰한 후에는 제작 중간 단계나 발송, 설치하기 전에 진행사항을 사진으로 받거나 방문해 확인하는 것이 좋다. 의도한대로 제작되고 있는지 점검을 해야 잘못 제작된 부분을 확인하고 수정이 가능하기 때문이다. 제작은 보통 전문 업체에서 하지만 그에 앞서 VMD가 어떤 재료나 마감재가 있는지를 모른다면 퀄리티 있는 작업을 의뢰할 수가 없다. 보통 국내에선 을지로나 동대문에서 종류별로 완제품 소품이나 재료를 파는 도매상점들이 몰려있으니 알아두고 시즌별로 스와치북이나 브로슈어 등을 신청해놓고 자료를 업데이트하는 것이 좋다.

다양한 재료 및 마감재, 소품을 찾으려면?

패브릭, 가죽, 액세서리 부자재: 동대문 종합시장(D동 지하에서 제작가능)
지류, 박스, 시트지, 비닐류: 을지로5가, 방산시장
아크릴, 금속, 철물: 을지로3가
나무, 목공: 을지로4가, 홍익대학교 부근
조명, 벽지, 타일 등 인테리어 자재: 을지로4가
생화, 조화, 소품, 화기: 고속터미널, 남대문시장
빈티지 고가구, 소품: 이태원 우사단로, 황학동 벼룩시장

현장구현

현장구현 단계는 여태껏 밟아온 긴 준비과정을 마무리하는 단계다. 비주얼 디자인 업무는 결국 구현된 현장에서 완성되고 평가되는 것이니 이 작업은 더할 나위 없이 중요하다. 그러나 동시에 육체적으로 굉장히 힘들다. 매장 내 연출 작업이 많은 경우 판매에 방해가 될까 낮이 아닌 밤에 해야 하는 경우도 많은 데다 잠시도 쉴 수 없다. 끊임없이 뛰어다니며 작업하는 이들에게 업무지시를 하고 스케줄을 조율하며 세팅의 전 과정을 총감독, 지휘해야 하기 때문이다. 설치 과정에서는 크고 작은 사고가 터지기 마련이지만, 상황이 어떻건 VMD는 현장을 돌아가게 만들어야 하고, 끝내 완성시켜야만 한다.

쇼윈도에 큰 책장을 넣는 시안을 진행한 적이 있었다. 업체에서 제작이 늦어져 새벽1시가 다 되어 받고 보니 책장이 너무 높아 답답했다. 오히려 마네킹과 다른 소품들로만 구성된 완성 전 쇼윈도가 훨씬 더 좋아보였다. 매장 쇼윈도의 높이를 잘못 측정한 결과였다. 현장

에서 잘라서 써보려 했지만 불가능했고 다시 제작하면 날짜를 맞출 수 없었다. 그렇다고 이미 발주된 책장을 쓰지 않으면 비용을 브랜드사에 해명할 도리가 없었다. 브랜드 장의 버럭 하는 소리가 벌써부터 귀에 들리는 것만 같았다. 눈앞이 캄캄했다. 직원들은 기진맥진한 상태로 모두 내 얼굴만 뚫어져라 바라보며 빠른 결정을 말없이, 거세게 요구하고 있었다.

담당 VMD인 내가 잘못된 결정으로 일을 번복해 애먼 직원들이 그야말로 '삽질'을 하게 된다면 그 모든 원망을 한 몸에 받을 터였다. 정신을 차리고 냉정하게 판단해야 했다. 판단 기준은 들어간 비용도, 지금부터 들어갈 시간도 아닌 '어떻게 구성하는 것이 제일 멋지고 완성도 있을까'였다.

그래서 그 거대한 책장을 쇼윈도에 넣지 않고 매장 내부에 VP로 구성해 또 다른 디스플레이 공간을 만드는 플랜 B를 진행했다. 그리고 쇼윈도는 다른 소품과 마네킹으로 마무리했다.

그러느라 작업 시간은 길어졌지만 직원들 모두 멋진 VP 공간이 매장 내부에도 만들어지는 것에 만족했고, 다음 날 고객의 반응 역시 좋았다. 누구도 나에게 왜 그 책장을 쇼윈도에 두지 않았느냐 따지지 않았고, 월급에서 제하겠다고 윽박지르지도 않았다. 심지어 원래 매장 안에 놓는 시안인줄 아는 사람도 있었다. 브랜드사에서 원하는 것은 멋진 책장을 놓아 얻는 결과이지 어디에 놓는지는 크게 상관이 없기 때문이다. 물론 놓인 장소가 영 아니어서 그 책장이 멋져 보이지 않았다면 말이 달라진다.

이 모든 것을 빠르게 판단하고 결정하는 것이 VMD이고 이 능력은 유연성이나 현장 감각이라 불리는 굉장히 중요한 자질이다.

이렇듯 아이디어는 현장에서 발생한 부득이한 이유로 수정될 수도 있고 조금 다른 방향으로 진행될 수도 있다. 계획에 최대한 충실하되 더 업그레이드할 수 있다는 말이다.

VMD는 아이디어를 짤 때뿐만 아니라 마지막 현장 작업에서도 기민하게 머리를 굴리고, 더 좋은 안이 무엇일지를 생각하며 '크리에이티브'의 끈을 놓아선 안 된다.

공간의 구도

같은 마네킹과 오브제라도 어떤 구도와 구성으로 연출하느냐에 따라 다른 이미지를 준다. 수평적인 쇼윈도는 질서와 편안함을, 사선 구도의 쇼윈도는 운동감을 주고 시선을 모은다.

실제 사례를 통해 공간 내 구도와 구성법에 따라 달라지는 이미지 변화를 알아보자. 기본적인 구도 6가지는 다음과 같다.

수직

BERGDORF GOODMAN, NEW YORK

삼각

FENDI, NEW YORK

LOUIS VUITTON, PARIS

사선

HENRI BENDEL, NEW YORK

ANTHROPOLOGIE, NEW YORK

대칭

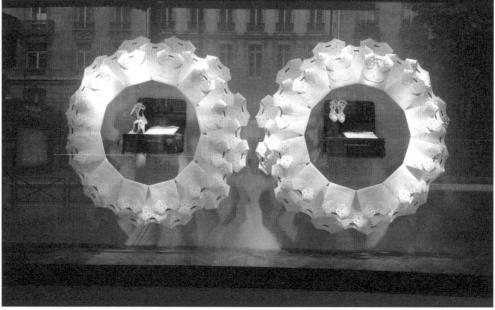

PRINTEMPS, PARIS

BARNEYS NEW YORK, NEW YORK

반복

HAULHUBER, MUNCHEN

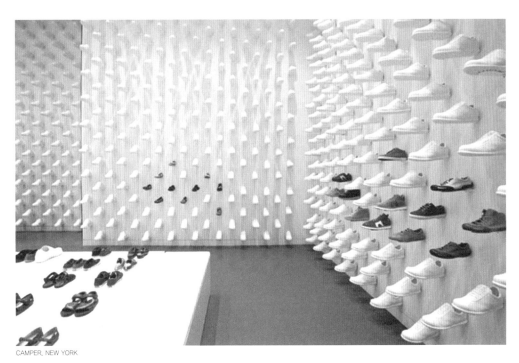

CAMPER, NEW YORK

구현 시 중요한 점검사항과 의사소통

현장구현 시 브랜드사와 매장에 꼭 사전 스케줄링 및 공지를 해 필요한 인원이나 시간, 프로세스 등을 정해야 한다. 설치물이 간단한 경우 현장구현을 영업 중에 할 수도 있지만, 설치물의 크기나 양이 많고 시간이 걸릴 경우는 설치 작업이 매장을 어지럽히고 고객의 쇼핑을 방해해 매출에 악영향을 끼친다는 피드백이 오기 쉽다. 때문에 오픈 전이나 마감 후에 해주었으면 하는 경우가 많다.

반드시 사전의사소통을 통해 부서 간 스케줄을 조절해야 업무의 어려운 점을 이해하고 합의점을 찾을 수 있다.

쇼윈도에 설치를 할 경우는 윈도를 가리고 '작업 중' 공지를 한 후 진행하는 것도 좋은 방법이다. 구현이 끝난 후에는 청소를 진행하고 상품진열이 흐트러지지 않았는지 확인해 영업에 지장이 없게 한다. 구현 후에는 잊지 말고 사진촬영을 해야 하는데, 풀숏(full shot)과 디테일 숏(detail shot)을 세심하게 찍어야 한다. VMD에겐 사진이 현재 업무의 완성이자 다른 업무에 활용할 수 있는 도구이기 때문이다. 촬영 후에는 데이터로 정리하고 필요하다면 브랜드사에 공유하도록 한다.

구비하면 좋은 현장구현용 툴 박스

현장 설치에 필요한 도구들을 잘 정리하여 구비해 놓으면 간단한 설치를 직접 할 수 있고, 작업 시 시간이 지체되지 않는다. 미리 구비해두면 좋은 도구의 종류를 살펴보자.

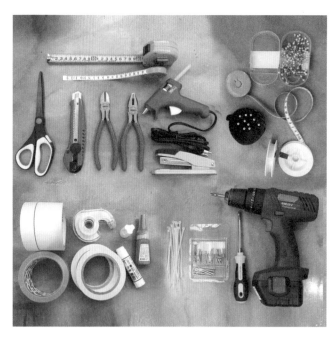

줄자, 핀, 글루건과 글루, 가위, 낚싯줄, 핀 쿠션, 칼, 니퍼, 펜치, 스테이플러, 양면 테이프, 마스킹 테이프, 순간접착제, 나사, 전동드릴, 풀, 케이블 타이, 양면 드라이버

자, 이제 아이디어 착상부터 현장구현까지 준비된 비주얼 사다리를 모두 올라왔다. 비주얼 디자인을 어떤 순서와 목표로 진행할지 이제 자신만의 사다리가 그려지는가? 새로운 것을 창작한다는 것은 도달하기 힘든 높은 곳을 맨발로 내딛는 기분이지만, 다음 프로젝트부터는 머릿속에 저마다의 사다리를 꺼내 올라가 보자. 처음에는 다리가 후들거리겠지만, 어느새 한 걸음에 뛰어오르는 자신을 발견할 수 있을 것이다.

VISUAL MERCHAN+ DISING

*

PART 3

VMD 업무의 변화

VMD가 브랜드의 바퀴를 굴린다

다양한 브랜드사에서 일하는 현업 VMD끼리 이야기하다 보면, 각자 회사의 이슈와 매출은 달라도 딱 하나 같은 점이 있다. 이곳은 정말 내일 무슨 일이 일어날지 모르는 전쟁터라는 것이다. 아침 전체 회의에서 브랜드 장이 외친다.

"어제 매출이 왜 이래요? 신상품이 반응이 없나요?"

질문 하나에 뒤따르는 이유는 수십 가지다.

영업자는 말한다. "신상품 디자인이 좀…… 요새 누가 그런 걸 입어요. 작년에 유행한 스타일이잖아요.", "○○재킷은 단추 봉제가 불량이 있던데요.", "P.O.P에 있는 상품 찾는 고객이 많은데 매장에 입고가 안 됐어요, 언제 입고돼요?"

디자이너는 말한다. "○○매장에 벌써 신상 바이커 재킷 사이즈가 깨졌던데요?", "쇼윈도 마네킹 코디네이션이 별로예요."

기획자는 말한다. "신상품 자리가 너무 구석 아니에요?", "P.O.P가 눈에 잘 안 띄던데 좀 크게 만들어야 될 것 같아요.", "직원들이 다 세일상품 입고 있던데, 직원 유니폼 바꿔야 되지 않을까요?"

출근 30분 만에 머리가 아파오기 시작한다. 이번 주에 하기로 계획된 업무는 뒤로한 채 지금 당장 신상품 진열을 수정하라는 임무가 떨어진다. 리테일 매장에서의 VMD 스케줄은 변화무쌍하다. 기본 스케줄은 보통 6개월, 한 달, 주간 단위로 계획되어 있지만 예상치 못한 일들이 여기저기서 터진다. 그것들 또한 무시할 수 없는 일들로, 리테일에서 작은 일을 미루고 해결하지 않으면 결국 더 큰 문제로 드러나게 된다.

그래서 VMD에게 중요한 역량 중 하나는 시시각각 변하는 현장에서 스트레스받지 않고 변화에 적응하는 능력이다. 일을 하면 할수록 이를 깨닫게 된다. 하지만 이런 전쟁터에서 VMD의 역할은 더욱 돋보인다. 툴툴대던 부서의 직원 한 명, 한 명이 일한 결과의 최종 접점지가 매장이며, 그 매장을 어떻게 보여줄지를 지휘하는 사람이 VMD이기 때문이다.

VMD가 그저 디스플레이어로 불리며 상품을 예쁘게 진열하는 사람, 마네킹 옷이나 갈아입히는 사람들로 인식되던 시절은 서서히 지나가고 있다. VMD는 브랜드 전략의 처음부터 끝까지 주도적으로 관여하고 다양한 요소를 연결해 최종적으로 고객과 만나게 해주는 일을 한다. 많은 브랜드에서 제대로 된 VMD가 매출 목표를 달성하는 것에 얼마나 기여하는지, 그리고 고객의 인식에 얼마나 많은 영향을 주는지 알아가고 있다.

브랜드와 상품에 최적화된 매장일까?

비주얼 디자인 분야를 제외하고 VMD에게 가장 중요한 업무는 상품을 어떻게 진열할 것인가다. 글로벌 브랜드처럼 VMD 가이드라인이 해외 본사에서 제공되는 경우를 제외하고, 직접 VMD를 계획할 때 우리는 어떤 기준과 아이디어를 가져야 할까? 누구나 아는 VMD의 목적은 '상품을 브랜드에 가장 효과적인 형태로 매장 안에서 고객에게 보여주는 것'이다. 여기서 언제나 잊지 말아야 할 것은 브랜드 콘셉트와 매장 콘셉트를 일치시키는 것이다.

사실 브랜드와 상품의 콘셉트는 간단하게 파악할 수 있다. 디자인실이나 기획실의 상품북만 보아도 상품의 콘셉트를 알 수 있고, 브랜드의 캠페인과 광고를 통해 내부직원뿐 아니라 고객들도 브랜드의 정체성을 쉽게 인지할 수 있다.

그래서 상품이 새로 나왔을 때 우리는 모두 할 말이 많다. "이거 우리 브랜드 옷 같지 않은데?", "이 상품은 트렌드랑 잘 맞아서 매출이 좋을 것 같아.", "이건 잘 나가는 상품인데 수량이 왜 이렇게 적어.", "이 디자인에 이 컬러가 반응이 더 좋을 것 같아."

그런데 '매장'도 이런 냉정한 기준으로 분석하여 적합한 콘셉트를 가지고 효과적으로 운영되고 있는지 돌아본 적이 있을까? 매장 디자인은 보편적으로 인테리어팀의 업무인 경우가 많다. 다만, 여기서 알아야 할 것은 인테리어를 먼저 정하고 VMD를 진행하는 것이 아니라는 점이다.

VMD는 상품과 인테리어와 광고를 모두 아우르는 총체적인 비주얼 전략이다. 그렇더라도 모든 것은 상품에서 시작하기 때문에 인테리어 방향 역시 상품에서 시작해야 한다. 보통 우리가 흔히 하는 실수는 이런 것이다.

가령 콘셉트가 '웨어하우스(warehouse)'인 브랜드가 있다고 가정해보자. 인테리어팀에서 콘셉트를 잘 살릴 수 있게 컨테이너 박스와 사다리 형태를 기반으로 천장부터 바닥까지 풀스톡(full stock)되는 거대하고 멋진 벽장을 만든다. 하지만 실제로 이 브랜드의 주력상품은 가득 쌓아두기 좋은(stock) 데님 팬츠나 셔츠, 스웨터 등이 아닌 컨템퍼러리 카테고리의 디자인 상품이 대부분이다. 게다가 수량도 스타일당 5~6장 미만으로 입고된다면, 결국 그 거대한 벽장을 채울 길이 없어 우왕좌왕하다 "디자인 멋진데"라는 감탄은 오픈 한 달 만에 불만으로 돌아온다. 사례는 다르지만 누구나 비슷한 경험이 있을 것이다. 특히 매장 상품과 재고를 직접적으로 운용하는 영업팀에겐 피부로 와 닿는 불만이다.

보통의 인테리어 디자인은 브랜드의 디자인 콘셉트에서 출발한다.
VMD는 여기에 기능을 더해서 고민해야 한다. 가령 "우리 상품은 어떤 진열 방법으로 보여줘야 효과적일까?"에서 출발해 "주력상품이 항상 바뀌니까 벽장에 채널을 심어 진열 형태를 유동적으로 관리해야겠다"라든지, "가격이 상대적으로 저렴한 기획상품을 많이 쌓아두고 파는 것이 브랜드 전략이니까 입구에 대형 테이블을 위치시켜야겠다" 등의 방안으로 연결해야 한다. 여기에 주로 구성될 상품들의 컬러 수나 수량을 고려해서 테이블의 형태나 사이즈도 개발할 수 있을 것이다.

이 모든 과정에서 필요한 것이 VMD의 역량인데, 어떻게 상품을 진열할 것인지를 계획해서 인테리어에 반영해야 하기 때문이다. PART 2에서 고객에게 영감을 주고 감성적으로 접근하는 비주얼 디자인을 다루었다면, PART 3에서는 또 다른 업무 분야인 상품진열과 집기구성, IP를 다루고자 한다. 상품이 진열되어 있는 공간인 IP는 매장 내에서 상품에 최적화된 공간으로 적극적으로 매출에 관여하기 때문에 중요하게 떠오르고 있다. 많은 패션 브랜드들이 택하고 있는 진열 형태와 구성 요소의 사례를 통해 각자의 브랜드에서 적합한 기준을 세우고 실무에 응용해보면 도움이 될 것이다.

현재 업무의 순서

앞으로 개선해야 할 업무의 순서

상품
진열

무엇을 강조할 것인가

패션 브랜드들은 저마다 다양한 진열 방법을 택하고 있지만, 잘 들여다보면 다른 듯 일정한 패턴을 찾아낼 수 있다. 그중에서도 리딩 브랜드들에서 모범 답안을 찾을 수 있다.

처음 찾아간 곳은 여유로움이 넘쳐흐르는 뉴욕 소호의 제이크루(J.CREW) 매장이다. 매장에는 화사한 컬러의 셔츠와 수영복, 과감한 패턴의 비치 드레스들이 가득하다. 그곳에 들어서자마자, 올 여름 휴가때 입어야겠다고 생각한 화이트 리넨 셔츠 앞으로 걸어간다. 셔츠하나를 들고 옆을 보니 발랄한 민트 컬러의 숏팬츠와 로맨틱한 느낌을 주는 챙 넓은 스트로햇이 눈에 들어온다.

구입하려던 것은 셔츠뿐이었는데, 셔츠를 입으려 하니 바로 옆에 민트 숏팬츠, 그리고 그 아래에 있는 스트로햇을 같이 써야만 완벽한 리조트 룩이 될 것 같다. 결국 3가지를 모두 구입하고 말았다. 이는 리조트라는 특정 테마 안에 같이 입을 착장을 제안하는 코디네이션 진열의 잘된 사례라고 볼 수 있다.

J.CREW, NEW YORK, U.S.A

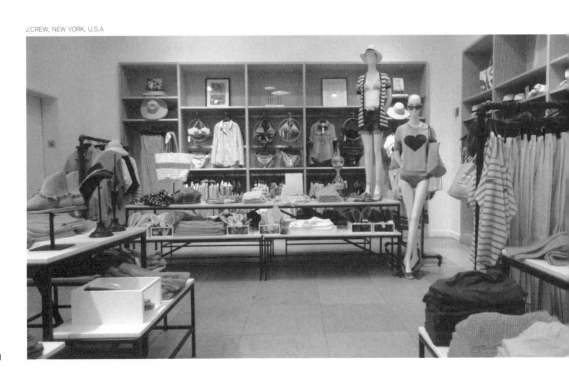

그 다음 찾아가 볼 곳은 유니클로(UNICLO)다.

유니클로에 들어서면 무엇이 보이는가? 눈을 감고 있지 않는 이상 지금 집업 후디를 팔고 있다는 것을 알 수 있다. 천장부터 바닥까지 꽉 채워 상품과 마네킹, P.O.P까지 도배된 압도적인 분위기. 결국 새로 구입하려고 한 셔츠는 잊은 채 집업 후디에 정신이 팔리고 만다. 꼭 이 상품을 사야 겨울을 따뜻하게 날 것 같은 기분이 들며 이는 곧 구입으로 이어진다. 하나의 상품에 강력하게 초점이 맞추어진 아이템 진열의 힘에 지갑이 무릎을 꿇은 것이다.

이렇듯 진열이 잘된 패션 매장에서는 그 브랜드가 말하고자 하는 분명한 메시지가 들린다. 따라서 팔고자 하는 것이 '상품'인지 또는 '스타일'인지 둘 중 하나를 강력하게 어필해야 한다.

스타일 진열

스타일 진열은 고객이 보았을 때 어떻게 입는지를 알 수 있게끔 코디네이션으로 제안해주는 진열법이다. 코디네이션을 이루는 상·하의(아웃웨어, 톱, 스커트, 팬츠류)와 액세서리의 구성은, 고객이 상품 하나만 구입하려 했더라도 같이 입을 다른 상품의 구매를 유도해 구매 금액이 높아지게 만든다. 보통 패션 브랜드에서는 하의보다 상의 스타일 수가 더 많다. 따라서 하의 1개 아이템에 상의 2~3개의 아이템 코디가 제안되는 경우가 많고, 어울리는 액세서리 1~2개의 아이템으로 스타일링을 완성한다.

스타일 진열의 컬러

어떤 브랜드에 락 시크(rock chic) 테마가 있다. 고객이 뮤직 페스티벌이나 파티 모임에 어울릴만한 이 코너에 와서 블랙 가죽 재킷을 집는다. 아마도 그 옆엔 블랙 스팽글 드레스와 볼륨감 넘치는 퍼, 징 박힌 가죽부츠나 실버액세서리 같은 것들이 구비돼 있을 것이다. 락 시크를 보여주는 이 코너에 갑자기 파스텔 컬러의 플로럴 드레스가 구성되진 않을 것이다. 따라서 스타일 진열을 할 때는 그 콘셉트를 강조할 명확하고 제한된 컬러스토리를 갖도록 한다. 그렇게 되면 컬러만으로도 그 테마를 고객에게 전달할 수 있다. 여러 컬러가 섞일 경우 정리되어 보이지 않고 콘셉트는 점점 눈에 들어오지 않게 된다. 따라서 스타일 진열에는 엄격하고 명확한 컬러 제안이 필요하다.

MADE WELL, NEW YORK, U.S.A

아이템 진열

아이템으로 구분해 진열하게 되면 고객이 구매하고자 하는 상품을 바로 찾을 수 있고, 같은
아이템의 다양한 디자인과 컬러를 동시에 비교할 수 있어 목적 구매가 쉬워지는 장점이 있
다. 또한 좁은 평수에도 많은 상품을 진열할 수 있어 평수가 작은 매장에서 선호한다. 다만
한 아이템만 보이기 때문에 지루함을 덜기 위해 페이스아웃(face out, 앞보기), 슬리브 아웃
(sleeve out, 옆보기), 폴디드(folded, 접기) 등 다양한 방식의 진열 계획이 필요하다.

J.CREW, NEW YORK, U.S.A

UNICLO, NEW YORK, U.S.A

아이템 진열의 컬러

고객이 매장에서 많이 하는 질문 중 하나가 "다른 컬러 없어요?"다. 고객에게 다른 컬러의 상품을 제안해 선택의 기회를 높이는 것은 아이템 진열의 최대 장점이다. 하지만 부작용도 뒤따른다. 한 아이템 내 모든 컬러를 진열하다 보니 정리되어 보이지 않고 얼핏 할인매장 같은 느낌이 든다는 것이다.

컬러는 제일 먼저 인지되는 시각적 요소다. 공간을 매력적으로 보이게 하면서 호감을 주려면 컬러 사용이 중요하다. 아이템 진열에서 특히 효과적인 컬러 진열은 마치 레인보우컬러가 이어지듯 자연스런 색상의 변화에 따라 진열하는 그러데이션 방법이다. 이 방법은 튀는 컬러 없이 정돈돼 보여 조화를 이루면서도 색상이 도드라져 보인다. 그러데이션 진열은 아이템 진열에서 특히 효과적이다.

MADE WELL, NEW YORK, U.S.A

스타일 진열 + 아이템 진열

아이템 진열의 단점은 상·하의를 코디네이션해서 제안하는 연계 판매가 어렵다는 것이다. 또한 평수가 큰 매장에 적용하기에는 상품을 보는 재미와 다양성이 떨어진다. 최근 SPA 브랜드에서는 스타일 진열과 아이템 진열의 장점을 적절히 활용하는 진열 방법을 많이 사용한다. 하나의 착장을 만드는 2∼3개 정도의 아이템을 같이 구성하는 것이다. 예를 들면 수영복, 그 위에 걸칠 수 있는 얇은 카디건, 그리고 숏팬츠를 모아 한 벽장 안에 구성한다. 이때 한 아이템의 컬러를 모두 보여준다. 이렇게 구성하면 판매하고자 하는 아이템이 명확하게 고객에게 전달될 뿐 아니라 해당 스타일까지 보여줄 수 있다.

J.CREW, NEW YORK, U.S.A.

액세서리 진열

스카프, 가방, 신발, 벨트, 주얼리 그리고 화장품까지. 패션 매장에서 옷은 주인공 자리를 서서히 내주고 있다. 고객은 브랜드에서 단순히 단품의 옷을 사는 것뿐 아니라, 스타일을 사고 싶어 한다. 따라서 자연스럽게 함께 코디할 수 있고, 스타일을 업그레이드 할 수 있는 액세서리를 옷과 같이 구매하길 원한다.

한 패션 브랜드 자료에 따르면 SPA 브랜드나 편집숍의 매장 내 액세서리 구성 비중이 20%를 넘기고 있다고 한다. 매출 비중 또한 10%를 넘긴다고 하니 액세서리의 위상을 알 수 있다. 브랜드에서 액세서리가 매 시즌 고정적으로 판매되고, 구성비가 높고, 반응이 좋은 아이템이라면 따로 조닝을 만들기도 한다. 시즌별로 옷에 어울리는 코디네이션 액세서리를 옷에 가깝게 진열할 수도 있다. 목적에 맞는 액세서리 진열법과 이를 위한 다양하고 효과적인 소도구에 대해 알아보자.

OPENING CEREMONY, NEW YORK, U.S.A

액세서리 조닝 구성

매 시즌 고정적으로 출시되는 액세서리는 대부분 매출을 이끄는 검증된 아이템이다. 고객은 이미 '○○브랜드에 가면 어떤 액세서리를 살 수 있다'라는 인식을 가지고 있다. 고정 판매되는 액세서리는 별도로 조닝하여 코너를 만들고 계획적으로 진열해야 한다. 또한 적절한 위치에 배치하는 것도 중요하다. 다음의 위치를 참고하자.

❶ 액세서리용 벽장

❷ 벽장과 벽장 사이 빈 공간이나 기둥

❸ 카운터 앞, 휴식 공간 등 고객이 머무는 곳

JOE FRESH, NEW YORK, U.S.A

액세서리용 벽장

벽장과 벽장 사이 빈 공간이나 기둥

STEVEN ALAN, PORTLAND, U.S.A

카운터 앞, 휴식 공간 등 고객이 머무는 곳

휴식 공간 옆

카운터 앞

액세서리 집기 및 소도구

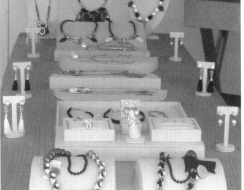

DEISEL, NEW YORK, U.S.A

어울리는 옷에 인접 진열

액세서리는 대표되는 아웃핏에 어울리게 출시된다. 매 시즌별로 아이템이 달라지기 때문에 별도의 액세서리 조닝을 형성하지 않고도 어울리는 옷에 인접 진열해 스타일링을 완성할 수 있다. 주로 연계 판매되는 상품 근처에 진열한다.

바지 + 벨트, 신발 ……

상의 + 스카프, 주얼리 ……

셔츠 + 타이, 가방 ……

IP 실행방법

IP 실행방법-FACING PLAN

VMD의 구성요소 중, 상품진열에 관련된 것을 IP라고 한다.

FACING PLAN은 이 IP를 실행하는 방법으로 진열방법을 효율적으로 분류한 것이다. 즉 IP를 효과적으로 실행한다는 것은 상품을 잘 진열하는 것이며 이를 위해 상품을 보기 쉽게, 사기 쉽게 그리고 관리하기 쉽도록 계획해야 한다.

또한 상품의 특성을 잘 표현하여 그 가치를 높일 수 있어야 한다.
FACING PLAN의 방법 중 대표적인 3가지 요소는 다음과 같다.

FACE OUT: 상품의 전면이 노출되는 방법

- 디자인과 특징이 잘 나타나 판매에 용이하며 상품의 회전율이 높아진다.
- 공간을 많이 차지해 많은 상품을 진열하기에 적합하지 않다.

SLEEVE OUT: 상품의 옆면이 노출되는 방법

- 많은 양의 상품을 진열하기에 적합하며 컬러, 패턴, 사이즈별로 진열이 가능하다.
- 상품의 전면 디자인을 잘 볼 수 없다.

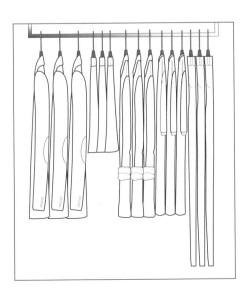

FOLED: 상품을 접어 노출하는 방법

- 주로 선반이나 테이블에 많은 양의 상품을 진열하기에 적합하며 컬러, 패턴, 사이즈별로 진열이 가능하다.
- 접혀져 있어 디자인과 특성이 노출되지 않고 고객이 상품을 꺼내 보기 어렵다.

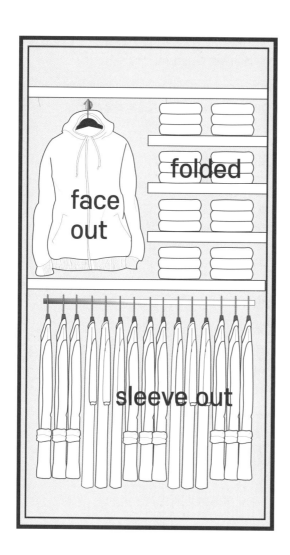

상품 행잉(hanging) 하는 방법

페이스 아웃(face out)과 슬리브 아웃(sleeve out)은 옷걸이에 걸어서 진열하는 방식이다. 이때 이 방식을 걸기, 행잉(hanging)이라고 한다. 행잉할 때 지키면 좋은 몇 가지 기본 룰을 알아보자.

❶ 고객이 보았을 때 앞쪽은 작은 사이즈, 뒤쪽으로 갈수록 큰 사이즈를 행잉한다.

❷ 특별한 목적이 있을 때를 제외하고는 한 상품 당 2피스 이상 행잉 하는 것이 좋다. 2피스 미만일 경우 고객이 다른 사이즈를 원할 때 대기시간이 너무 길어져 판매 기회를 잃을 수 있다. SPA 브랜드에서는 모든 사이즈를 진열(full sizing)하여 고객이 스스로 사이즈를 찾아 구매할 수 있도록 셀프 구매 방식을 취하고 있다.

앞에서부터
XS, S, M, L, XL

왼쪽에서부터
XS, S, M, L, XL

옷걸이 방향

고객 방향

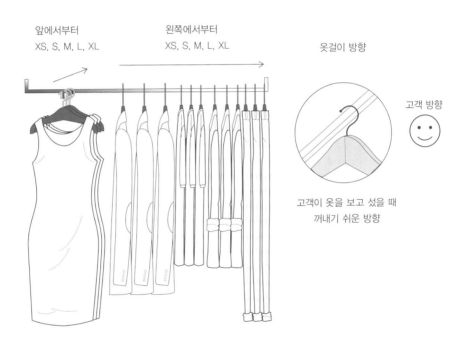

고객이 옷을 보고 섰을 때
꺼내기 쉬운 방향

주로 통용되는 사이즈 표

구분	XS	S	M	L	XL
상의	85	90	95	100	105
하의	24	26	28	30	32

❸ 코디네이션 진열 시 함께 코디할 수 있는 아우터, 톱, 스커트, 팬츠 등을 함께 구성한다. 메인이 되는 아이템을 맨 앞에 진열해 페이스 아웃으로 노출시키고 그 뒤로 함께 입을 수 있는 상품들을 붙여 자유롭게 적용할 수 있다. 바로 옆에 붙는 상품들이 함께 코디할 수 있는 아이템이면 고객이 스타일을 쉽게 만들 수 있어 더욱 좋다.

다음 이미지를 참조하면 좀 더 쉽게 이해할 수 있다. 메인 아이템이 재킷이라고 하면 A, B 모두 재킷이 맨 처음 노출되었다. A는 재킷 → 셔츠 → 티셔츠 → 스커트 → 팬츠 순서로 상·하의를 나누어 행잉했다. 반대로 B나 C는 코디네이션 할 수 있는 순서로 행잉해 바로 옆에 있는 상품과의 연관성을 높였다.

A) 재킷 → 셔츠 → 티셔츠 → 스커트 → 팬츠

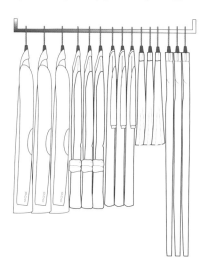

B) 재킷 → 스커트 → 셔츠 → 티셔츠 → 팬츠

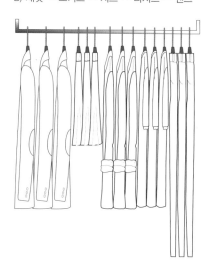

C) 재킷 → 티셔츠 → 팬츠 → 셔츠 → 스커트

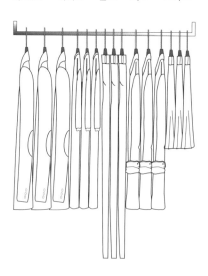

❹ 행잉할 때 상품이 두꺼운지 얇은지, 거친지 매끄러운지, 반짝이는지 등 소재의 느낌을 고려해 적절하게 섞어주면 재미를 줄 수 있다.

> **예** 모직 재킷 + 면 셔츠 + 데님 팬츠 + 울 스웨터 등
>
> 실크 드레스 + 캐시미어 카디건 + 면 셔츠 + 실크 톱 + 가죽 재킷

❺ 패턴이 있다면 패턴이 없는 솔리드 상품 사이사이에 골고루 끼운다.

솔리드 - 패턴 - 솔리드 - 솔리드 - 패턴

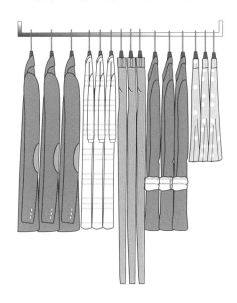

집기
구성

패션 매장 내 진열용 집기는 브랜드마다 디자인의 차이는 있지만 비슷한 사이즈와 용도를 지닌다. 집기 안에서도 타입별로 장단점을 찾을 수 있으니 매장 내 주요 집기를 벽장, 테이블, 레일, 마네킹, 옷걸이, 소도구, P.O.P로 구분해 각각 효율적인 진열 방법을 택한다.

벽장

고객이 매장에 들어서면 시선은 매장을 둘러싸고 있는 벽장으로 가게 마련이다. 우리의 시선은 눈보다 조금 더 높은 곳을 자연스레 보기 때문에 벽장은 의도치 않아도 시각적으로 노출이 잘 된다. 실제 매장 내 차지하는 면적도 넓은데, 많은 상품이 벽장에 진열되기 때문이다. 벽장은 상품진열에 큰 비중을 차지하는 구성요소로 상품테마와 컬러스토리를 반영해 잘 구현하면, 현재 어떤 상품을 팔고 있는지 또렷한 메시지로 전달할 수 있다.

일반적으로 사람의 시선이 자연스럽게 향하게 되는 위쪽 공간은 PP공간으로 고객의 흥미를 유발하고, 손으로 잡아보고 꺼내기 쉬운 중간부분은 IP공간으로, 잘 노출되지 않는 아래부분은 상품의 재고를 보관하거나 신발 등을 진열한다.

책에서는 실무에 많이 쓰이는 벽장진열의 형태에 따라, 1단 진열/2단 진열/3단 진열/스탁 진열로 구분하고 각각의 특징과 효과적인 진열방법을 제시하고자 한다.

진열 형태

1단 진열

2단 진열

3단 진열

스탁 진열

1단 진열

주로 디자이너 브랜드, 여성복, 남성 정장이나 편집숍 등에서 많이 사용된다. 상품이 수평으로 진열되어 안정적이고 고급스러운 느낌을 준다. 그러나 진열 공간이 1단으로 넉넉하지 않기 때문에 상품을 옆으로 거는 슬리브 아웃이 대부분이다. 때때로 대표 아이템을 페이스 아웃으로 강조하기도 한다. 1단 진열 시 윗단은 주로 PP 공간으로 P.O.P, 액세서리를 진열하거나 연출로 마감한다.

1단 진열 시에는 보통 바닥에서 1,500~1,800mm 지점에 상품을 걸게 된다. 그 위치는 진열되는 상품의 표준 사이즈와 고객이 보고 만지기 쉬운 위치를 근거로 정해진 것이다. 그러므로 이 벽장의 스펙을 어떻게 정할지 역시 VMD가 꼭 짚고 넘어가야 한다. 벽장의 폭과 높이는 매장의 환경(각 벽면의 너비와 천장고 등)에 따라 달라질 수 있지만, 매장의 레이아웃을 잡거나 사용할 집기를 계획할 때는 우선 전 매장에 기본적으로 적용할 종류와 스펙을 정해야 VM 표준화가 가능하고, 브랜딩이 이루어진다.

COS, PARIS, FRANCE

1단 진열의 기본 스펙

연출 공간 H1,800mm 이상

상품 판매를 촉진시키는 연출 공간인 PP가 여기에 해당된다. 주로 소품, 마네킹, 이미지컷이나 P.O.P로 많이 구성되며 액세서리를 두어 상품 연출과 판매를 모두 충족시키기도 한다.

판매 공간 H600~1,800mm 이하

IP 공간에 해당하며 판매에 집중하는 곳이다. 특히 600~135mm 공간은 고객의 손이 가장 닿기 쉬운 곳으로 GOLDEN SPACE로 불린다.

주력상품, 구매빈도가 높은 상품을 진열하기 좋으며 페이스 아웃, 슬리브 아웃, 폴디드 방법으로 상품을 보여줄 수 있다.

스탁 공간 H600mm 이하

상품 필업(fill up)★을 위한 공간으로 진열된 상품을 바로 아래에 수납해 시간을 절약하는 것이 기본이다. 수납 공간이 아닌 액세서리 등 어울리는 상품으로 구성하기도 한다. 다만, 쉽게 눈에 띄지 않는 공간이므로 주력상품은 진열하지 않는다.

★ 필업(fill up): 상품을 적정량으로 해당 공간에 다시 채워 넣는 것. 고객이 상품을 구매하면서 빠지는 사이즈나 컬러가 잦기 때문에 이 과정은 상당히 중요하다.

2단 진열

주로 캐주얼, 유니섹스, 영 신사 브랜드 등에서 많이 사용되며 진열 공간이 수직과 수평의
양방향으로 이루어져 많은 아이템을 보여줄 수 있다. 상품의 특징에 따라 페이스 아웃, 슬
리브 아웃, 폴디드로 다양하게 섞어 진열할 수 있다. 벽장이 호환형일 경우 모듈을 자유롭
게 바꾸는 경우가 많은데, 이때 브랜드에 맞게 매뉴얼화해서 관리하면 다양한 변화를 통해
신선함을 느낄 수 있다.

WHO.A.U, SEOUL, KOREA

2단 진열의 기본 스펙

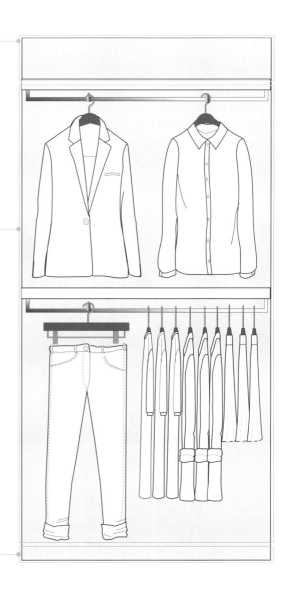

연출 공간 H2,000mm 이상

2단 진열은 연출 공간이 1단처럼 넓진 않
지만 평균적으로 많이 사용하는 높이
2,400~2,700mm 벽장의 경우, 위쪽에
600~900mm 정도 여유 공간이 생긴다.

소품, 마네킹, 이미지컷, P.O.P 등을 이용해
PP 공간으로 구성한다.

판매 공간 H2,000mm 이하

페이스 아웃, 슬리브 아웃, 폴디드 방법으로
상품을 보여줄 수 있다. 아랫단과 윗단 상품
이 합쳐진 수직 높이에 따라 진열 높이가 결
정된다. 예를 들어 여성 코너의 경우 아랫단에
구성된 팬츠의 길이가 1,000mm, 윗단 재킷
의 길이가 800mm라면 필요한 공간의 높이는
1,800mm이다.

브랜드의 상품들은 거의 비슷한 사이즈로 출
시되기 때문에 사이즈를 고려해 최적의 벽장
모듈을 만들어 두는 것이 편리하다. 이때 가장
큰 사이즈(L 또는 XL 등)를 기준으로 잡아야
옷이 바닥이나 선반에 끌리지 않는다.

스탁 공간

2단 진열에서 스탁 공간은 거의 생기지 않지
만, 상품의 길이가 짧아 아래가 비어 보인다면
액세서리 등으로 구성하기도 한다.

3단 이상 진열

천장고 3,000mm 이상의 천장이 높은 매장의 경우 상품을 진열하지 않는 높은 공간을 어떻게 구성할지 항상 난감하다. 이때 고객의 팔이 닿지 않는 공간은 소품이나 마네킹 등으로 연출하는 방법이 보편적이지만, 최근에는 상품을 3단 이상으로 구성하는 방법도 선호한다. 이 공간은 직접적으로 고객의 손이 닿지는 않지만 상품 자체로 고객의 눈을 사로잡아 PP의 기능을 한다. 또한 상품의 진열 범위가 수직과 수평으로 확장되어 상품이 강조되어 보인다. 다만, 진열 상태 유지를 위해 충분한 물량과 재고관리가 우선 돼야 한다.

GINATRICOT, MÜNCHEN, GERMAN

3단 이상 진열의 기본 스펙

연출 공간 H2,000mm 이상

고객의 손이 닿지 않는 연출 공간에 상품을 구
성하게 되면 해당 상품이 브랜드에서 밀고 있
는 주력상품이라는 느낌을 강하게 전달할 수
있다.

판매 공간 H2,000mm 이하

페이스 아웃, 슬리브 아웃, 폴디드의 다양한
방법으로 상품을 보여줄 수 있다. 아랫단과 윗
단의 상품이 합쳐진 수직 높이에 따라 진열 높
이가 결정된다.

상품의 보편적인 사이즈

여자 코트, 원피스: H1,300mm 이상
여자 재킷, 톱: H900mm
여자 팬츠: H1,100mm
여자 숏팬츠, 스커트: H500mm
남자 코트: H1,500mm 이상
남자 재킷, 톱: H1,100mm
남자 팬츠: H1,300mm

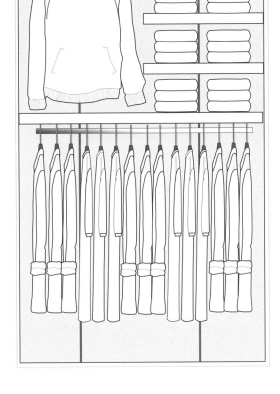

스탁 진열

주로 팬츠(데님, 카고, 치노 등), 셔츠, 니트 그리고 플리스 등 상품의 디테일이 많지 않아 폴디드 하기 적합한 아이템을 디자인, 사이즈, 컬러 등의 카테고리로 구분하여 선반에 쌓아 진열하는 것으로 물량과 컬러가 충분해야 한다. 따라서 브랜드의 매출을 주도하는 베이직, 전략 상품이 적절하다.

WHO.A.U, SEOUL, KOREA

스탁 진열의 기본 스펙

상품이 수평과 수직으로 동시에 확장되기 때문에 진열할 상품의 컬러와 재고 물량을 잘 파악해서 계획해야 한다. 폴디드를 매뉴얼에 맞추어 잘했는지, 사이즈별로 필업이 잘되었는지에 따라 정리 상태가 민감하게 결정되기 때문에 꾸준한 관리가 필요하다.

H2,000mm 이상은 사람의 손이 잘 닿지 않는 곳이므로 그 아래 높이에 모든 사이즈와 컬러가 구색돼야 한다.

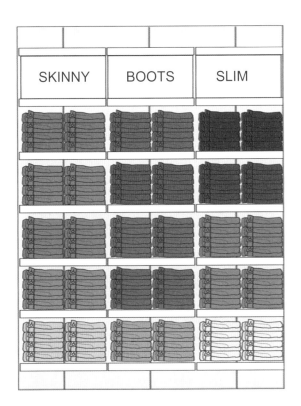

다양한 스타일의 경우

해당 아이템의 디자인 카테고리를 옆으로 구분한 뒤, 사이즈와 컬러는 위에서 아래로 진열한다.

위에서부터
XS, S, M, L, XL

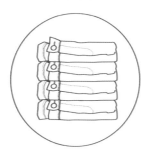

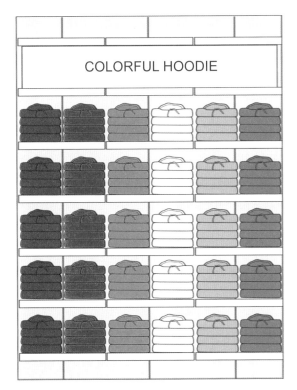

단일 아이템일 경우

해당 아이템의 컬러 카테고리를 옆으로 구분한 뒤, 사이즈는 위에서 아래로 진열한다.

위에서부터
XS, S, M, L, XL

테이블

테이블은 고객이 상품을 내려다보며 직접 만져볼 수 있어 고객의 손이 자주 닿는 곳 중 하나다. 브랜드의 스타일에 따라 단품을 강조해서 보여주는 방법과 코디네이션으로 보여주는 방법이 있지만, 공통적으로 매출을 끌어낼 수 있는 상품이 선호된다.

테이블 진열의 기본 원칙

상품 접기(폴딩) 방법: 테이블에 상품을 접어놓을 때는 포켓, 단추, 안감, 프린트, 절개 등 상품의 특징과 디테일을 잘 보여줄 수 있는 방법을 선택해 상품의 장점을 부각시킨다. 사이즈는 위에서 아래로 작은 사이즈에서 큰 사이즈를 쌓는다. 수량은 브랜드마다 다르지만 적당한 볼륨이 있으려면 6장 이상이 좋다.

예) 기본 상의-사각 접기
　　가슴에 디자인 디테일이 있는 상의-가로 접기
　　소매 또는 측면에 디자인 디테일이 있는
　　상의-세로 접기

작은 사이즈

↓ 큰 사이즈

표는 테이블에 상품을 진열할 때 많이 이용하는 접기 방법과 그에 따른 옷의 사이즈를 기재한 것이다. 옷의 사이즈는 여성상품의 표준 사이즈만 기재했으니 브랜드의 상품마다 확인해야 한다.

접기 방법에 따른 사이즈를 알면 역으로 브랜드에서 사용하는 테이블 사이즈가 적절한지 알 수 있다. 테이블의 높이는 사람이 집기 편하도록 평균 키에 맞추는 것이 좋고, 가로와 세로의 경우 상품의 사이즈를 반영하면 효과적이다.

보통 테이블의 세로 길이는 900~1,000mm가 많다. 이 길이는 상의 하나를 펼쳐 진열하면 딱 맞고, 기본 사각 접기를 했을 때는 2줄로 진열할 수 있다. 또한 가로는 1,500mm, 1,800mm, 2,100mm, 2,400mm 정도로 주로 300mm 단위로 늘어나는데 이는 사각 접기 하나의 너비로 상품을 한 줄씩 더 구성하기에 용이하다.

테이블용 상품 접기 방법과 상품 사이즈

(단위: mm)

	사각 접기	펼치기	가로 접기	세로 접기
상의	W300 × D400	W600 × D800	W600 × D400	W400 × D800
	그래픽이나 디테일이 없는 기본 상품	앞면 디자인을 강조하는 상품	소매 또는 옆 부분에 디테일이 있는 상품	가슴이나 소매부분에 디테일이 있는 상품
	지퍼 사각 접기	사각 접기	세로 접기	세로 반 접기
하의	W300 × D300	W300 × D400	W400 × D1,100	W400 × D800
	지퍼, 버튼 등이 노출되며 주로 데님류	기본 하의 접기	핏이나 앞면 디테일을 보여주기 적합	테이블용 반 접기

또한 테이블에 마네킹이나 소품을 자주 올린다면 이 역시 고려해서 테이블 사이즈를 정해야 한다. 테이블 사이즈가 항상 애매하게 남거나 상품이 넘치는 경험이 자주 있다면 테이블 사이즈에 상품 사이즈와 진열 방법이 반영되지 않은 것이다. 접기 방법 중 브랜드에서 많이 사용하는 방법과 필요한 공간을 확인한 후 적정 사이즈인지 확인해 보자.

테이블의 종류

1단 사각 테이블

주로 시즌 내 주력 아이템을 진열한다.

2단 사각 테이블

위아래 상품이 서로 연계되는 주력 아이템을 진열한다.

3단 테이블

수량과 컬러가 많은 상품을 진열하거나 상·하의, 액세서리 등을 배치해 토털 룩을 보여줄 수 있다.

원형 테이블

고객 동선을 자연스럽게 흐르게 한다.

VP용 테이블

마네킹이나 소품을 함께 구성해 테이블의 사이즈가 크고 높이가 낮다.

쇼케이스

액세서리나 주얼리 등 고가의 상품을
주로 구성한다.

코디네이션 진열

한 테이블에 상·하의(아웃웨어, 톱, 스커트, 팬츠류)를 코디네이션으로 진열하는 것으로 완벽한 룩을 제안해 해당 시즌의 패션 테마를 보여주기에 적절하다. 상품의 포인트와 사이즈에 맞는 적절한 접기 방법으로 진열해야 서로 어우러지며 보기에 좋다. 액세서리를 함께 구성해 룩을 완성하고 재미를 더한다.

코디네이션 진열 모듈

머리부터 발끝까지 같이 입을 수 있는 다양한 상품과 액세서리를 함께 구성해 착장 스타일과 테마를 제안한다. 상품의 진열만으로도 의도된 룩을 바로 느낄 수 있도록 상품의 디자인과 컬러를 잘 선택해야 한다.

11가지 아이템을 이용한 코디네이션 진열의 예

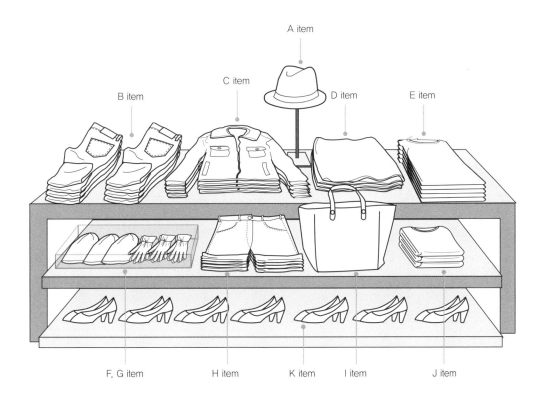

아이템 진열

주력상품을 전략적으로 밀고자 할 때 한 가지 아이템만으로 테이블을 구성할 수 있다. 이때, 한 가지 아이템이 전체 테이블을 구성해야 하므로 테이블 사이즈를 고려해 다양한 컬러 수와 진열 수량이 뒷받침돼야 한다. 테이블 상품은 주로 프로모션을 하는 상품이 많다는 고객의 기대 심리 때문에 가격에 메리트가 있는 상품을 두는 경우가 많다. 컬러가 엄격하게 제한될 필요는 없지만 해당 상품 조닝의 컬러스토리를 반영하고 있어야 하며, 컬러가 많을 경우 주로 그러데이션 순서를 따른다.

아이템 진열 모듈

아이템 진열은 전 컬러를 한눈에 볼 수 있어 비교 구매가 가능하다. 예시는 12가지의 컬러를 가진 치노팬츠로 구성되었다. 진열될 상품의 컬러 수가 많다면 상·하단 전체를 한 가지 아이템으로 채울 수도 있고 컬러 수가 적을 경우, 상·하단에 한 가지 아이템씩 구성하기도 한다. 컬러 순서는 상단과 하단을 통일하되 전체 테이블의 컬러가 하나로 잘 흐르도록 진열한다.

1가지 아이템을 이용한 아이템 진열의 예

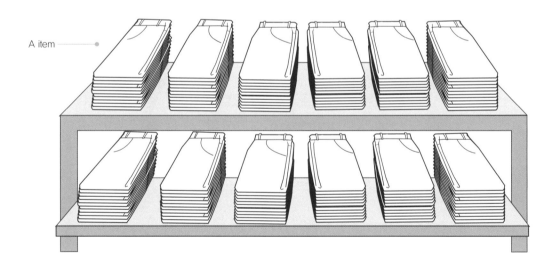

A item

스타일 + 아이템 진열

한 가지 룩을 만들 수 있는 2~3가지 아이템을 테이블의 상·하단으로 나누어 진열하여 서로 코디가 이루어지도록 하는 방법이다. 예를 들어 2단 테이블 상단에 다양한 컬러의 스웨터를, 하단에는 같이 입을 수 있는 버뮤다 팬츠를 구성하면 2가지 아이템을 명확하게 어필하면서 함께 입는 룩도 제시할 수 있다.

아웃핏 진열 모듈

티셔츠, 후드 집업, 데님 숏팬츠, 모자로 하나의 캐주얼한 아웃핏을 보여주고 있다. 그와 동시에 티셔츠, 후드의 전 컬러를 볼 수 있다는 장점이 있다. 전체 테이블의 컬러가 하나로 잘 흐르도록 진열한다.

4가지 아이템을 이용한 아웃핏 진열의 예

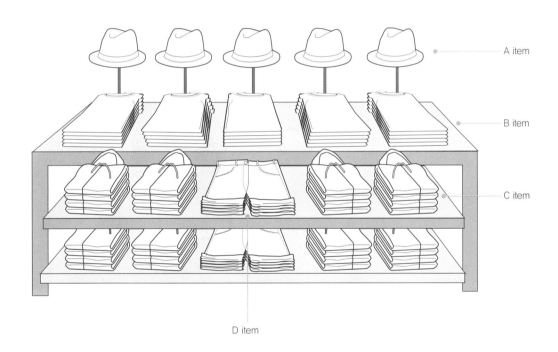

A item

B item

C item

D item

레일

한국에서 '행거'라고 불리는 이 바닥집기 사진을 미국 지사 매니저에게 요청했다가 옷걸이 사진을 받은 적이 있다. hanger가 영어로 옷걸이를 뜻하기 때문인데, 이 때문에 자주 잘못된 의사소통을 일으키기 쉽다. 올바른 명칭은 clothes rack이나 hanging rack 또는 clothes rail 등이지만, 이 책에서는 레일(rail)이라 부르기로 한다. 레일은 다양한 형태와 사이즈로 되어 있어 용도에 맞춰 진열이 가능하다. 코디네이션하는 상품끼리 진열해 스타일을 보여주거나 또는 한 가지 상품만으로 아이템 진열을 할 수도 있다. 해당 조닝의 컬러스토리와 스타일에 맞게 진열하지만 뒤쪽에 진열되는 상품은 가려지기 때문에 현장에서 컬러가 맞지 않는 상품이나 세일상품을 묶을 때 용이하다. 사이즈가 작고 이동이 편리해 매장 내에서 효율적인 동선을 만들 수 있다.

레일의 종류

티 스탠드

평균 사이즈	W550mm × D550mm × H1,300~1,500mm
기본 모듈	
진열 특징	앞뒤 상품이 모두 페이스 아웃으로 보여 디자인을 보여주기 좋고 고객의 시선을 잡는다.

일자 레일

평균 사이즈	W900mm, 1,200mm, 1,500mm × H1,300~1,500mm
기본 모듈	
진열 특징	기본 타입. 다양한 사이즈와 디자인이 있어 많은 수량을 진열할 수 있다. 스타일 진열, 아이템 진열 모두 용이하지만 안쪽에 있는 상품은 옆모습만 보이는 단점이 있다.

라운드 레일

평균 사이즈	R900mm, 1,000mm × H1,300~1,500mm
기본 모듈	
진열 특징	고객이 레일을 따라 한 바퀴 돌면서 자연스럽게 동선이 길어져 매장 레이아웃 잡기에 유용하다. 아이템 진열, 스타일 진열 모두 가능하다.

사방 레일

평균 사이즈	W800mm × D800mm × H1,300~1,500mm
기본 모듈	
진열 특징	사방에서 상품을 접할 수 있다. 한 면에 한 스타일씩 진열해 스타일 진열로 보여주기 적합하다.

멀티 집기

평균 사이즈	W1,200mm × D500mm × H1,300mm
기본 모듈	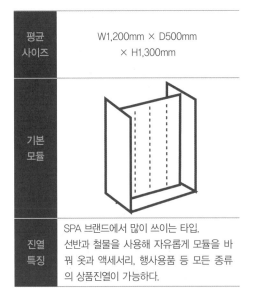
진열 특징	SPA 브랜드에서 많이 쓰이는 타입. 선반과 철물을 사용해 자유롭게 모듈을 바 꿔 옷과 액세서리, 행사용품 등 모든 종류 의 상품진열이 가능하다.

디자인이 유니크한 집기

OPENING CEREMONY, NEW YORK, U.S.A

심플하고 멋스러운 집기

벽장 및 모든 바닥집기를 모던하고 통일된 감각으로 풀어냈다.

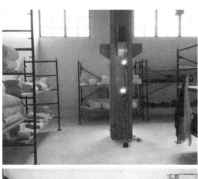

스타일 진열

같은 테마 안에서 여러 상품을 한 레일에 모아서 진열하는 방법이다. 코디네이션해 같이 입을 수 있어 연계 판매가 좋은 상품들을 묶는다. 스타일 진열을 할 때는 특히 컬러에 엄격하게 마련인데 특정 컬러를 가진 상품들로만 묶어 진열하기도 한다.

아이템 진열

한 가지 상품을 한 레일에 구성하는 방법으로 다음과 같은 상황일 때 효과적이다.

❶ 수량이 많은 상품일 때

❷ 한 상품의 컬러 수가 많을 때

❸ 평수가 작은 매장일 때

❹ 고객이 목적 구매를 원할 때

❺ 특정 기준(가격, 세일, 프로모션)으로 묶어서 판매할 때

JOE FRESH, SEOUL, KOREA

마네킹

어떤 마네킹을 사용할지는 VMD뿐 아니라 매장 스태프들에게도 관심 대상이다. 마네킹이 착장하고 있는 상품에 따라 매출이 좌지우지되기 때문이다. 마네킹은 '이 상품은 이렇게 입어야 한다'는 해결책을 고객에게 적극적으로 말해주는 도구이며 브랜드 매출과 이미지에 큰 영향을 준다. 마네킹 계획에선 크게 3가지가 중요하다.

첫째, 브랜드 이미지를 잘 표현하고 상품을 가치 있어 보이게 하는 마네킹의 선택과 개발
둘째, 마네킹을 구성할 위치와 장소
셋째, 마네킹 구성 시 어떤 구도와 안을 가져갈지다.

마네킹의 종류

마네킹 형태로 구분

추상마네킹

인체의 형태와 비례를 과장시켜 추상적인 형태로 만든 것이다. 마네킹의 이미지가 강해, 브랜드의 개성이 강한 브랜드에서 선호한다.

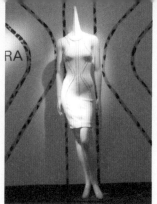

반추상마네킹

사실마네킹처럼 인체의 비례는 사람과 비슷하되 얼굴이나 머리 등의 표현이 생략되거나 간소화시켜 추상적인 느낌을 더한 것이다.

다양한 컬러와 소재로 표현하며, 마네킹의 이미지보다는 옷이 도드라지기 때문에 일반적인 브랜드에서 선호한다.

사실마네킹

인체와 흡사한 비례감을 지녔고 얼굴, 메이크업, 바디컬러, 헤어스타일 등이 사실적으로 표현된 마네킹이다. 마네킹의 이미지가 강하게 표현된다.

바디마네킹

몸통부분만 있는 연질마네킹으로 공간을 적게 차지해 공간연출에 쉽다. PP공간의 토털 코디네이션에 많이 사용한다.

토르소

머리, 팔, 무릎 아래 부분이 없는 형태로, 조각적인 느낌을 준다. 주로 속옷, 액서서리 매장에 많이 사용된다.

마네킹 재질로 구분

FRP

우레탄

플라스틱

소재믹스

마네킹의 활용

다양한 마네킹 타입으로 재미 주기

LIBERTY, LONDON, ENGLAND

BARNEY'S NEW YORK, NEW YORK, U.S.A

H&M, SEOUL, KOREA

UNICLO, NEW YORK, U.S.A

포즈 마네킹으로 포인트 주기

FOREVER 21, NEW YORK, U.S.A

BARNEYS NEW YORK, NEW YORK, U.S.A

여러 디자인의 마네킹 혼용해서 쓰기

NEW ARRIVALS

NEW ARRIVALS

마네킹의 위치

많은 VMD들이 매장 내 레이아웃을 계획할 때 모든 집기의 위치를 정한 뒤 남는 공간에 마네킹을 구성하는 소극적인 방법을 선택한다. 마네킹은 공간을 많이 차지하지 않으면서 높은 매출을 창출하는 '미니 쇼윈도'다. 그러므로 상품 판매를 위한 적극적인 기능을 가진 집기로 인식하고 다른 집기와의 레이아웃을 동시에 생각하면서 결정해야 한다.

❶ VP, PP 등 연출코너에 구성한다.

❷ 카운터, 피팅룸 등 고객이 머무르는 시간이 긴 곳에 구성한다.

LIBERTY, LONDON, ENGLAND

❸ 기둥, 계단 등 상품이 연출되지 않는 빈 공간에 구성한다.

JOE FRESH, NEW YORK, U.S.A

❹ 상품 착장 모습이 잘 보이도록 해당 상품 근처에 구성한다(연출 코너, 벽장, 테이블, 레일 근처).

J.CREW, NEW YORK, U.S.A

마네킹의 구도

어느 위치에 세팅하느냐에 따라 사이즈나 형태가 달라져, 가능하면 시안대로 설치해야 하는 오브제와 달리 마네킹은 자유롭게 위치를 바꿀 수 있다. 계획된 것보다 실제 현장에서 더 좋은 위치를 찾아내는 경우도 많다. 마네킹은 타입, 코디네이션된 착장뿐 아니라 어떤 구도로 배치할지에 따라 느낌이 다르다. 실제 사례를 통해 구도에 따른 이미지 변화를 알아보고 원하는 바에 맞게 적용해 보자.

수평 구도, 1:1 구도

마네킹의 수량과 공간의 폭을 고려하여 한쪽으로 치우치지 않게 배치한다.

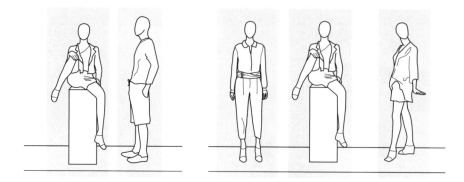

수평 구도, 1:2 구도

마네킹을 떨어뜨려 배치할 때는 최소한 마네킹의 어깨너비 2배 이상의(80cm) 거리가 떨어져야 공간이 생기고 그에 따른 구도가 느껴진다. 또한 2대를 묶고 싶을 때는 마네킹의 팔뚝하나 크기 정도(10~20cm)로 겹치면 서로 많이 가리지 않으면서도 그룹핑돼 보인다. 마네킹과 오브제뿐만 아니라 그 안에 생기는 빈 공간 역시 구도의 일부라는 것을 기억하자.

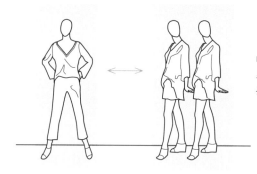

마네킹 밑변 길이의
최소 2배 이상(80cm)의
공간

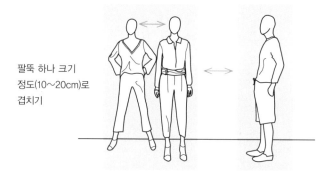

팔뚝 하나 크기
정도(10~20cm)로
겹치기

수평 구도, 1:3 구도

여자 마네킹 1대와 남자 마네킹 3대를 배치한 구도로 남자 마네킹을 바투 세워 하나의 그룹으로 보이게 했다. 동시에 홀로 있는 여자 마네킹의 독특한 포즈가 시선을 끌어 남자 마네킹이 훨씬 많음에도 여자 마네킹 1대와 비슷한 비중이 느껴진다. 이때 남자 마네킹은 서로 겹쳐 있으면서 여자 마네킹과 확실한 거리가 있어야 구도가 1:3으로 뚜렷해진다.

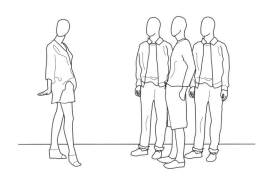

수평 구도, 2:3 구도

왼쪽 2대와 오른쪽 3대로 남녀 마네킹들이 서로 섞인 채 그룹핑된 구도다. 그룹 안에 있는 마네킹들은 서로 조금씩 겹쳐져야 하고, 대치되는 그룹 간에는 확실한 거리가 있어야 구도가 명확해진다. 이 경우 마네킹들은 시선으로 이어져 있다.

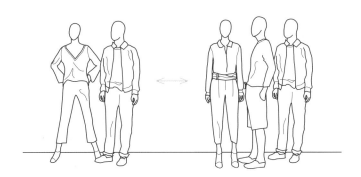

수평 구도, 3:3 구도

동일한 포즈의 마네킹 3대가 각도와 사이 간격이 똑같이 놓여 있다. 좌우는 남녀로 철저히 구분되어 있다. 정면을 보고 있는 왼쪽 여자 마네킹들과 측면을 보고 있는 오른쪽 남자 마네킹들의 극명한 대비가 돋보이는 구도다.

팔뚝 하나 크기 정도(10~20cm)로 겹치기　　　　마네킹 3대가 같은 그룹

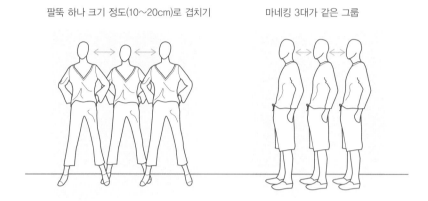

수평 구도, 1:2:1 구도

중앙의 마네킹 2대를 기준으로 양쪽의 마네킹들이 서로 대치되는 구성이다. 마네킹 사이에 발생한 공간이 일정해 균형 있게 보인다.

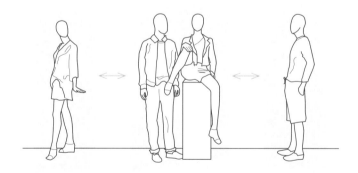

수평 구도, 1:3:1 구도

중앙의 마네킹 3대를 기준으로 양쪽의 마네킹들이 서로 대치되는 구성이다. 왼쪽의 남자 마네킹은 마네킹 1대가 들어갈 정도의 공간을 두고 있어 가운데 그룹과 다소 묶여 보이고, 오른쪽 여자 마네킹은 사이 공간이 더 넓어 다른 마네킹에 비해 부각된다.

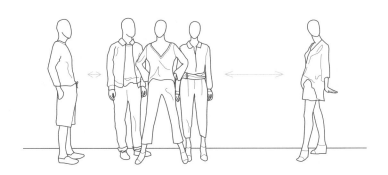

삼각 구도

단이나 오브제를 이용해 자연스럽게 만들 수 있는 구도. 안정적이면서 동시에 수직적으로 마네킹의 수를 많이 구성할 수 있다.

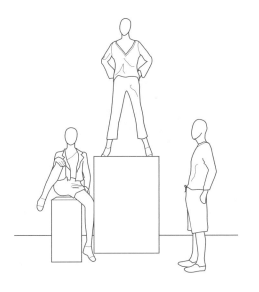

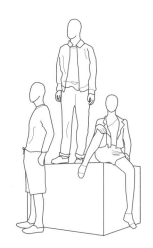

대칭 구도

양쪽으로 대칭의 느낌을 주려면 마네킹의 각도가 중요하다. 첫 번째는 2대의 마네킹이 서로 마주하고 있고, 두 번째는 서로 등을 기대고 있어 대칭의 느낌을 준다. 만약 2대가 모두 정면을 향한다면 대칭의 느낌이 살지 않는다. 세 번째는 모두 정면을 보고 있지만 중앙의 마네킹을 기점으로 대칭이 되어 보이는 효과가 있다.

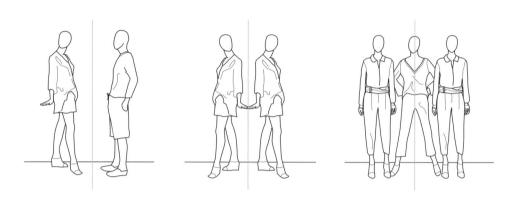

동일 포즈 마네킹 그룹 구성

동일 포즈를 가진 마네킹을 반복해 구성한 예로 주목도를 높일 수 있다. 특정 아웃핏을 똑같이 착장한다면 밀고자 하는 상품을 확실히 어필할 수 있다.

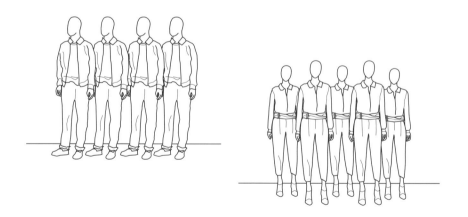

수직 구도

천장고가 높은 매장일 경우 효과적이다. 단 차이를 이용해 시선을 수직으로 이동시켜 역동
성을 줄 수 있다. 삼각 구도에서 좀 더 수직성이 강조된다.

전진 구도

뒤에서부터 앞으로 전진하듯 마네킹을 배치해 움직임을 준다. 마네킹 포즈나 착장이 통일
되면 더욱 집중된다.

179

높낮이 주기

마네킹 베이스는 마네킹에 높이를 주어 재미있는 구도를 만들어준다. 높이의 다양함으로 재미를 주는 것이 목적이므로 마네킹 간 높이 차이가 200mm 이상 나야 효과가 있다. 200mm 정도의 차이로 이루어진 조합은 짜임새 있어 보이며 400mm 이상 차이는 눈에 띄는 움직임이 생긴다. 다양한 사이즈의 마네킹 베이스와 마네킹 그리고 상품진열로 구성돼 재미를 주는 아래 조합의 예를 참조하자.

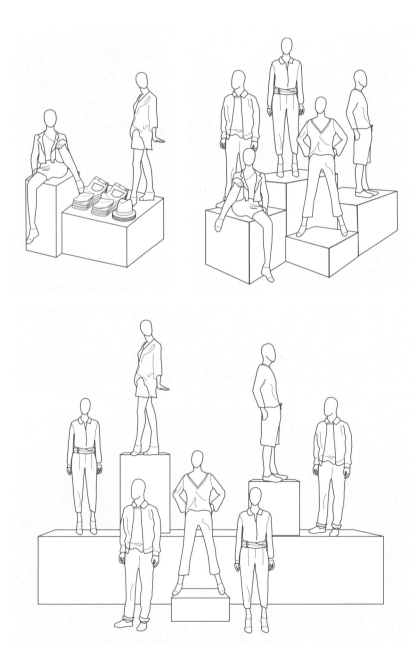

옷걸이

옷걸이의 종류

옷걸이는 기본 발주량이 많아 비용이 많이 드는 집기다. 한번 디자인이 개발되면 쉽게 바뀌지 않고 고정적으로 사용하기 때문에 신중하게 선택해야 한다. 또한 매장의 비주얼 콘셉트와 어울리는 마감재와 형태여야 한다. 브랜드 컬러를 쓰거나, 어떤 상품과도 잘 어울리는 우드, 블랙, 화이트, 그레이 등의 기본적인 컬러를 많이 사용한다. 특히 우드나 플라스틱 재질은 가볍고 잘 부러지지 않아 매장에서 쉽게 사용할 수 있고 관리도 편리하다. 옷걸이의 형태와 재질 등에 따라 같은 상품일지라도 형태가 달라보이기도 하고 옷이 돋보이기도 하므로 브랜드의 옷을 직접 걸어보고 진행하길 권한다.

구분	종류	평균 사이즈	사용 아이템	참고
남자상의		420mm × 11mm	재킷 셔츠 티셔츠 스웨터 등	두꺼운 재킷이나 코트의 경우 두께 20mm 이상의 옷걸이 사용
여자상의		360mm × 11mm	셔츠, 블라우스 스웨터 드레스 등	여자상의 중 톱 종류가 흘러내려가지 않도록 홈을 만들거나 고무링을 끼워 사용
하의		320mm × 11mm	스커트 팬츠 숏팬츠 수영복	–
상·하의		420mm × 11mm	슈트 투피스 드레스	슈트나 세트 상품의 경우 상·하의를 함께 걸 수 있는 옷걸이를 사용

P.O.P

P.O.P(Purchase of Point)란 무엇일까? P.O.P는 브랜드 캠페인, 프로모션, 전략상품 설명, 가격 등을 고객에게 노출시켜 구매를 유도하는 마케팅 방법 중 하나다. 브랜딩으로 보자면 매장 밖에서 진행하는 TV 광고, 지면 광고, SNS나 이벤트와 같은 브랜드 캠페인을 매장에서 한 번 더 접하게 만드는 방법이다. P.O.P로 접하게 되면 브랜드 이미지가 더 강렬하게 인식되고, 더 쉽게 구매로 이어진다. 최근 패션 매장의 규모가 점점 커지고 있다. 이런 상황에서 P.O.P는 침묵하는 세일즈맨이라는 닉네임에 걸맞는 역할을 수행한다. 모든 상품과 프로모션 설명을 판매 사원이 일일이 한다면 인력의 소모도 크고 다소 부담스럽다. 때문에 셀프 구매를 원하는 고객이 많아지면서 P.O.P의 역할은 점점 더 커지고 다양한 형태로 발전하고 있다.

P.O.P의 활용

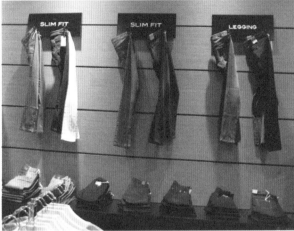

조명

VMD에서 조명이 중요한 이유

뉴욕의 5번가 아베크롬비 앤 피치(Abecrombie & Fitch) 매장은 클럽인지 옷 매장인지 구분이 되지 않는다. 입구부터 심장을 쿵쿵 울리는 클럽음악과 멋지게 차려입고 반갑게 말을 거는 직원들. 하지만 가장 극적인 효과를 주는 것은 의도적으로 어둡게 한 매장이다. 매장은 마치 클럽처럼 캄캄해 상품의 정확한 컬러를 보기 위해 조명 아래로 들고 다녀야 할 지경이다.

상품이 너무 안 보이는 게 아닐까? 이래서야 상품을 판매나 할 수 있을까? 하지만 그 어두운 곳에서도 상품은 오롯이 시선을 잡아끈다. 수많은 스포트라이트가 상품과 마네킹을 집중적으로 비추어 매장의 콘셉트를 살리면서 호기심까지 불러일으키기 때문이다. 사실 조명만큼 추가 비용을 들이지 않으면서 제대로 활용했을 때 효과가 큰 것도 없다. 특히 컬러에 민감한 패션 매장에서는 매장 조명이 적절하게 계획되었는지에 따라 매장의 이미지가 바뀐다.

물론 아베크롬비 앤 피치(Abecrombie & Fitch)처럼 다른 브랜드와 구별되는 콘셉트가 있지 않은 이상 조명은 어두운 것보다는 밝은 것이 좋다. 또한 형광등은 상품에 푸른빛이 돌아 차가워 보이므로 따뜻한 느낌의 백열등이나 할로겐, LED, CDM 등이 적당하다. 한 매장 안에서 조명이 끼치는 영향도 다르고, 그에 따라 요구되는 조도나 종류도 달라진다.

크게 연출 공간, 상품 판매 공간, 비상품 판매 공간으로 매장을 구분해 조명 계획을 세울 수 있다. 그렇다면 어두운 것과 밝은 것의 기준은 무엇일까? 그리고 어떤 조명을 어디에 쓰는 것이 효과적일까? 현재 국내 패션 브랜드에서 조명은 대부분 인테리어 업무에 속한다. 하지만 상품의 진열이나 비주얼 공간에 직접적인 영향을 미치기 때문에 VMD 역시 그에 대한 기본 지식을 갖추어야 한다. 조명과 관련해 꼭 알아야 할 실무 지식을 간단히 알아보자.

조도

가장 먼저 생각해볼 것은 적정 조도다. 조도란 빛의 밝은 정도를 의미하는데 일률적으로 적용되기보다 매장의 비주얼 콘셉트나 크기, 입지, 환경 등에 따라 달라진다.

간단한 예로 매장의 신상품과 소품으로 한껏 연출된 쇼윈도와 고객이 옷을 입으러 들어간 피팅룸 안의 조도가 같을까를 생각해보면 된다. 당연히 쇼윈도가 훨씬 밝아야 할 것이다. 특별히 어둡게 계획된 비주얼 콘셉트가 아니라면 말이다. 즉, 한 공간이더라도 조도를 똑같이 맞추는 것보다는 공간의 쓰임에 따라 다르게 조절하는 것이 효과적이다. 우선 하나의 매장을 그 목적에 따라 3가지로 나누어 보자.

첫째, 쇼윈도, VP, PP, 마네킹 등으로 구성되는 연출 공간
둘째, 벽장, 레일, 테이블 등 집기로 구성되는 상품 진열 공간
마지막으로 피팅룸, 카운터, 통로, 입구 등 상품 비진열 공간이다.

각 공간이 갖는 목적을 생각해보면 조도는 연출 공간, 상품 진열 공간, 상품 비진열 공간 순으로 높아져야 한다. 각 공간에 선호되는 적정 조도를 표로 익혀두자. 제시되는 조도는 일반적으로 선호되는 조도이지 꼭 지켜야 하는 것은 아니다.

조명의 중요도

연출 공간(쇼윈도, VP, PP) > 상품 판매 공간(벽장, 레일, 테이블 등) > 비상품 판매 공간(피팅룸, 카운터, 고객 동선)

구분	위치	추천 조도	유의할 점
연출 공간	쇼윈도, VP, 마네킹	2,000~3,000lux	매장 내에서 조도가 가장 높은 곳으로 다른 공간보다 2~3배 이상 밝게 한다. 빛이 연출되는 소품, 마네킹 하나하나에 정확히 조준되어 돋보이게 한다.
상품 진열 공간	벽장, 레일, 테이블	1,500~2,000lux	상품이 없는 공간보다 밝아야 상품이 최상의 상태로 보이고, 상품으로 시선을 더 집중시켜 판매를 이끌 수 있다. 각 집기와 상품이 구성되는 공간에 조명을 잘 계획, 배치해 빛의 낭비가 없도록 하고, 그림자나 반사광이 생기지 않도록 한다.
상품 비진열 공간	피팅룸, 카운터, 통로, 입구	800~1,500lux	조명을 낮추어야 다른 공간이 돋보이고 전체적으로 정돈된다.

조명의 종류

앞서 살펴본 공간별 적정 조도와 목적에 따라 일반적으로 많이 선호되는 조명을 알아보고 효과적으로 선택해 보자.

구분	위치	추천 조명	사용 예
연출 공간	쇼윈도, VP, 마네킹	스포트라이트 (레일등)	
상품 진열 공간	벽장, 레일, 테이블의 벽과 천장	다운라이트(매입등), 스포트라이트(레일등)	
상품 비진열 공간	피팅룸, 카운터, 통로	매입등(다운라이트), 직부등	
	카운터, 입구, 휴식 공간	펜던트, 샹들리에, 스탠드, 장식 조명 등	

조명 계획 시 유의할 점

벽장, 바닥집기 방향에 평행이 되게 설치한다

천장 조명은 벽장, 바닥집기 방향에 평행이 되게 설치해 빛이 정확히 상품을 비추도록 해야 한다. 최근엔 매입식보다는 조명용 트랙을 설치해 상품과 마네킹, 소품 등에 조명이 필요할 때마다 위치를 옮기고 수량을 조절해 효과적으로 사용하는 방법이 선호되고 있다.

조명 간격을 일정하게 유지한다

조명 간격은 1,000~1,800mm 이하로 일정하게 설치해 매장의 조도를 밝게 유지하고 빠지는 상품 없이 모두 비추도록 해야 한다.

정확한 에이밍 작업으로 마무리한다

에이밍

조명을 달 때 빛의 방향을 정확하게 주는 것을 에이밍(aiming)이라고 한다. 상품진열 공간에서는 공간 전체를 밝게 하는 동시에 상품을 부각시켜야 한다. 따라서 각각의 옷과 소품, P.O.P 등에 잘 에이밍해야 한다. 특히 벽장을 비추는 천장 조명은 벽장에서 50cm 정도 떨어지게 설치해 조명이 벽장의 가구 윗 부분이 아닌 상품을 비추게 한다.

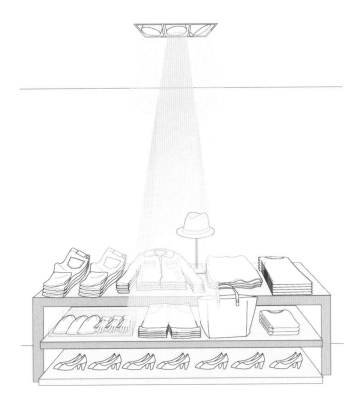

마네킹 에이밍

일반적으로 마네킹의 가슴 부분에 에이밍하는 것이 효과적이다. 쇼윈도의 마네킹은 스포트라이트를 최대한 유리에 가깝게 달아야 마네킹의 가슴 부분을 밝힐 수 있고 포인트 소품에도 생동감을 줄 수 있다. 쇼윈도 깊이가 120~150cm 정도라면 조명이 마네킹을 비출 때는 30~40cm 정도 떨어져 있어야 가장 효과적이다.

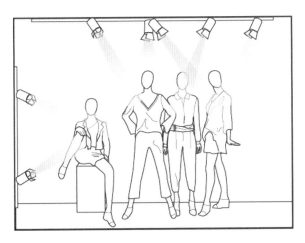

상품 운용

효과적인 매장구성

좋은 상품진열을 위해서는 효과적인 상품의 분류와 집기의 위치를 구성하는 매장구성계획이 필요하다.

VMD가 매장 내 진열집기의 종류와 위치를 정하고 그에 진열할 상품과 진열법을 정하는 일련의 과정에서 먼저 알아야 할 개념들이 있는데 이는 레이아웃과 동선/그룹핑과 조닝이다.

이 개념들을 이해하고 적절히 활용해야 효과적인 상품진열을 할 수 있다.

레이아웃과 동선

레이아웃은 매장 내부 구조에 맞게 상품진열 공간(IP)과 연출 공간(VP, PP) 그리고 카운터, 피팅룸 등 편의시설에 이르기까지 모든 매장 내 구성요소를 배치하는 공간 계획 작업이다.

특히 상품진열 공간의 집기들(벽장, 테이블, 레일 등)의 위치와 수량 그리고 방향을 어떻게 계획하느냐에 따라 쇼핑하는 고객의 동선이 만들어지는, 판매에 직접적인 영향을 미치는 작업이라고 할 수 있다. 또한 마네킹이나 연출 소품 역시 고객의 시선과 동선을 끌어당기기 때문에 레이아웃 단계에서부터 기획되어야 한다.

다음은 효과적으로 레이아웃을 잡기 위한 중요 포인트들이다.
주로 도면을 활용하여 레이아웃을 그려보는 과정을 거치는데, 이때 동선을 고려해야 한다. 동선은 매장 내에 사람들의 움직임을 선으로 나타내는 것으로 무엇보다도 고객의 동선이 중요하다.

효율적인 레이아웃 잡기

· 메인 동선은 1,500mm, 보조 동선은 최소 900mm로 고객이 상품을 구입할 때 불편함이 없도록 한다.

· VP/PP/IP 요소들을 적시 적소에 배치해 고객의 관심을 끊이지 않게 잡아 두어 체류시간을 늘린다.

· 벽장 상품으로 고객을 유도하려면 바닥집기가 벽장을 많이 가리지 않아야 한다.

· 원형테이블이나 원형레일 등은 적절하게 배치하면 고객이 집기를 따라 매장 안쪽으로 들어가기 때문에 고객의 동선이 길어진다.

· 연관되는 상품으로 쉽게 접근할 수 있도록 고객의 동선을 짧게 만든다.

- 추후에 진열될 상품 조닝을 고려하여 바닥집기의 레이아웃을 잡고 해당 상품 비중에 근거하여 면적을 할당한다.
- 집기 배열은 사전 모듈화하여 매뉴얼로 정해두고 배치 시 최대한 적용한다. 다만, 매장형태와 컨디션을 고려해 다르게 적용할 수 있다.
- 집기의 배치는 매장 형태에 최대한 맞추어야 공간의 낭비가 줄어든다.
- 집기의 전면은 입구 쪽, 고객의 움직임 방향으로 최대한 맞추어야 상품 노출이 잘된다.

그룹핑과 조닝

그룹핑

그룹핑은 매장관점에서 상품을 전략적으로 분류하는 것으로 그룹핑 된 상품들을 ZONE에 배치하는 것이 조닝이다.

매장의 크기가 크고 진열할 상품의 수가 많을수록 더욱 이 작업들이 필요하다.

그룹핑의 기준과 특징

- 스타일별, 용도별, 가격별, 컬러별 등 공통점이 있는 상품으로 그룹을 나누며 인접상품을 묶어 고객이 상품을 찾기 쉽고 구매하기 쉽게 해 객단가를 올린다.

  예 정장과 구두/ 운동화와 양말/ 블랙 컬러 상품/ 1만 원 상품

- 같은 상품이더라도 판매시점이나 전략에 따라 그룹핑을 재편성할 수 있다. 예를 들어, 체크무늬 아우터가 매장에 입고 시, 처음에 [my check]이라는 콘셉트로 첫 번째 그루핑, 다음 달이 되어 새로운 콘셉트의 상품들이 입고되면, [outwear]라는 아이템 진열로 두 번째 재그룹핑되고 추후 판매가 잘 되지 않아 할인을 하게 되면 세 번째 [sale]로 다시 그룹핑된다. 다음 장의 그림을 참고하자.

[my check]그룹핑

[outwear]그룹핑   ## [sale]그룹핑

조닝

그룹핑 된 상품들의 특성을 고려해 매장전체 공간에 배치하는 작업이 조닝이며 보통 매장 도면에 표시하여 레이아웃과 함께 확인할 수 있게 한다.

보통 콘셉트나 아이템, 컬러 등의 스토리를 기준으로 배치되며 고객이 찾기 쉽고 구매하기 쉽도록 관련성이 높은 것은 가깝게, 낮은 것은 멀리 조닝한다.

또한 같은 그룹핑이더라도 매장의 크기와 형태에 따라 조닝을 다르게 적용할 수 있다.

매장 레이아웃 & 조닝

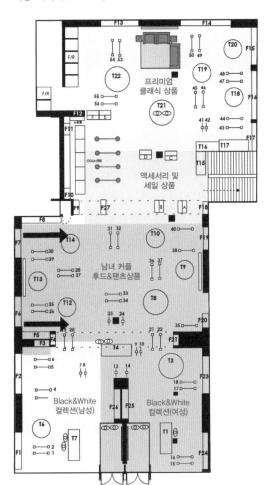

층별 조닝

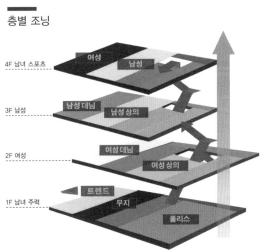

상품에 역할 주기

상품에는 저마다의 역할이 있다. 어떤 상품은 기간 내 매출을 최고 20~30% 주도하기 위해 처음부터 기획된다. 그런 상품은 당연히 수량도 많고 컬러도 다양하다. 우리는 보통 그런 상품을 주력상품이라고 한다. 거기에 해마다 계절이 바뀌면 그 브랜드에 가서 당연히 사야할 것 같은, 언제나 구비되어 있는 비슷한 디자인의 상품이 있다. 이를 베이직상품이라 부르는데 매출을 흔들림 없이 끌어가는 중추적인 역할을 한다. 그와 달리 어떤 상품은 해당 시즌의 테마를 대표하기 위해서 기획된다. 그런 상품은 보통 고객에게 영감을 주고 고객을 외부에서 매장 내부로 끌어당기는데, 보통 콘셉트상품 또는 마케팅상품으로 불린다.

물론 이 분류 사이에는 교집합이 존재한다. 콘셉트상품이면서 전략상품인 경우도 있고 전략상품이면서 베이직상품인 경우도 있다. 가끔 고객에게 예상치 못한 반응이 있는 경우를 제외하고, 대부분의 경우 이들의 역할은 사전에 전략적으로 기획된 것이다.

기획팀이나 MD가 전략상품으로 기획했지만 VMD가 매출이 좋은 자리에 구성해주지 않는다면, 콘셉트상품이 개인적으로 예쁘지 않다고 해서 노출이 안 되는 곳에 둔다면 제대로 된 실행이 아니다. 또한 베이직상품의 수량이 많지 않거나 사이즈가 제대로 필업되지 않을 경우, 콘셉트상품이 고객을 매장 안으로 유입시키지 못할 경우에는 현장을 누구보다 잘 아는 VMD가 나서야 한다. 브랜드에 내부적으로 이야기를 하고 플랜 B를 다 같이 준비할 수 있도록 주도하는 역할을 맡아야 하는 것이다. 브랜드마다 쓰는 용어는 다르겠지만 여기서는 크게 주력상품, 베이직상품, 콘셉트상품, 프로모션상품으로 구분하고자 한다. 모든 상품은 그 분류에 따라 매장 내에 적합한 위치와 진열법을 적용해야 한다.

상품 역할에 맞추어 생각하기

주력상품: 기간 내 매출을 이끄는 상품
베이직상품: 언제나 구비되어 있는 상품
콘셉트상품: 고객을 매장으로 유도하는 상품
프로모션상품: 가격에 큰 메리트가 있는 상품

❶ 어느 위치에 진열하는 게 가장 알맞을까?

❷ 어떤 집기에 진열할까? 벽장? 테이블? 레일?

❸ 어떤 방법으로 진열할까? 아이템? 콘셉트? 컬러?

❹ 컬러별, 사이즈별로 몇 장씩 진열할까?

❺ 상품별 판매 포인트는 무엇일까? 상품의 어느 부분을 보여주는 게 멋질까?

❻ 매장 진열 기간은 어느 정도로 잡을까?

상품 역할에 따른 조닝

세로형 매장

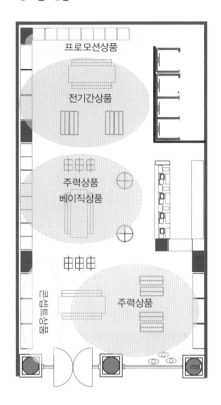

콘셉트상품: 매장 입구 벽장이 적합하다. 고객은 매장에 들어서자마자 상품을 보지 않아 의외로 입구 바로 안쪽 벽장은 지나치기 쉬운 곳이다. 그러므로 시선을 끌 수 있는 콘셉트상품에 적합하다.

주력상품: 매장 앞쪽이나 중간처럼 고객 동선이 빈번하고 매출이 좋은 공간이 적합하다.

베이직상품: 매장 중간, 카운터 앞쪽 등 고객 동선이 빈번하고 매출이 좋은 공간이 적합하다. 어느 정도 고정되어도 좋다.

전기간상품*: 매장 뒤쪽이 적합하다.

프로모션상품: 매장 가장 안쪽. 카테고리 내. 세일 고정코너가 있을 시 매장 가장 안쪽 또는 카테고리 내에서 진행할 수 있다.

가로형 매장

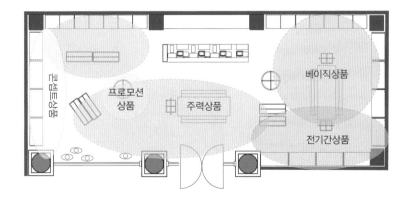

★ 전기간상품(前期間商品): 현재 판매하는 신상품이나 주력상품 이전에 판매가 계획된 상품. 신상품 입고는 월별 또는 주별로 업데이트 된다. 고객이 체감하는 계절은 3~4개월 단위지만, 신상품 입고는 대개 1개월 단위이기 때문에 현기간상품과 함께 매장에 진열되는 경우가 많다.

주력상품

특징	매장 내 위치	진열 기간
기간 내 매출을 주도하는 상품으로 매장 입구와 고객 왕래가 제일 빈번한 위치에 진열되며 쇼윈도의 연출, 내부 P.O.P나 프로모션으로 강조하는 경우가 많다.	매장 입구의 메인 벽장, 입구 테이블, 레일, 쇼윈도	주로 월 단위로 전략상품이 정해지므로 4주에서 8주 정도

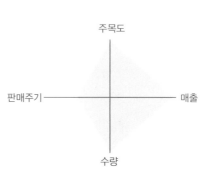

주목도

판매주기 ——————— 매출

수량

UNICLO, NEW YORK, U.S.A

베이직상품

특징	매장 내 위치	진열 기간
언제 가도 있는 브랜드 대표 상품으로 꾸준히 매출을 뒷받침한다. 판매 기간이 길고 항상 나오는 상품이니 매장 안쪽에 위치한다.	매장 중앙이나 안쪽에 구성	계절 내내 매장 내에 구성되는 상품으로 주로 봄, 여름, 가을, 겨울상품으로 구분해 8~12주까지

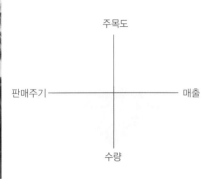

주목도

판매주기 ——————————— 매출

수량

WHO.A.U, SEOUL, KOREA

콘셉트상품

특징	매장 내 위치	진열 기간
시즌 테마를 보여주는 디자인성이 강한 상품. 매출 비중이 항상 높진 않지만 고객에게 영감을 주고 매장으로 유도하기 때문에 매장 입구에 위치한다.	매장 입구, 쇼윈도	매주 또는 매달 시즌 테마에 맞추어

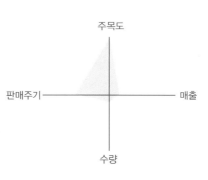

주목도

판매주기 ─────────────────── 매출

수량

프로모션상품

특징	매장 내 위치	진열 기간
가격이나 이벤트로 고객을 유인하는 상품으로 보통 재고 수량이 얼마 안 남았거나 시즌이 지났음에도 재고가 과하게 많을 때, 가격 메리트를 주어 소진시킨다.	고정코너를 만든다면 지속적으로 매장 뒤쪽에, 고정코너가 없다면 카테고리 내에서 진열하고 P.O.P로 공지	때때로 또는 항시

전 매장 동일하게 관리하기

어느 지점을 가도 '○○브랜드구나!'라고 알 수 있게 통일하는 방법은 크게 5가지다. 매장 내 집기 구성 모듈화, 콘셉트상품과 주력상품 똑같이 진열하기, 페이스 아웃되는 상품 동일하게 하기, 윈도와 VP, PP의 연출을 동일하게 하기, 표준 매장 VM 가이드라인을 통해 관리하기다. 다음에서 5가지 항목을 하나씩 짚어보도록 하자.

매장 내 집기 구성을 모듈화한다

집기 구성 편에 나오는 집기 타입과 진열 방식을 참고하여 브랜드에 맞는 진열 방식을 정한다. 이때 집기의 종류와 구성되는 조합을 모듈화해서 전 매장에 같이 적용해야 표준화를 이루고 브랜드의 이미지를 공통되게 전달할 수 있다. 매뉴얼화하여 동일하게 가져가야 할 내용은 다음과 같다.

벽장, 바닥집기 크기와 모듈을 동일하게

예를 들어, 사용하는 벽장 사이즈가 W3,600mm × H2,700mm이 메인이라면 벽면 너비가 4,000mm이라도 너비 3,600mm인 벽장을 구성해야 매장별로 벽장 사이즈가 통일된다. 또한 벽장을 이루는 구성 하드웨어가 호환되는 채널과 너비 1,200mm의 선반으로 구성됐다면 이 역시 똑같이 전개해야 한다. 갑자기 호환이 되지 않는 너비 1,800mm 선반을 쓰게 되면 그 매장만 따로 관리해야 하기 때문이다.

바닥집기 조합 방법을 동일하게

매장의 크기와 환경에 따라 집기 레이아웃이 달라지지만 바닥집기를 조합하는 방식은 최대한 동일해야 한다.

티 스탠드는 3개를 같이 놓는다.

레일은 2개를 같이 놓는다.

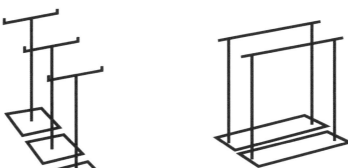

2단 테이블은 언제나 위아래를
세트로 구성한다.

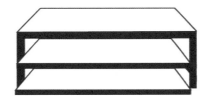

이렇게 조합을 모듈화하면 매장의 크기나 집기 수가 달라도 진열이 통일된다.

콘셉트상품, 주력상품을 동일하게 진열한다

매장 앞쪽에 구성되는 콘셉트상품과 전략상품을 최대한 같은 상품과 컬러로 진열하면 매장
별로 상품 입고가 다르더라도 동일한 느낌을 줄 수 있다.

페이스 아웃되는 상품을 동일하게 한다

매장별 판매 현황이나 재고가 달라 전체 진열을 VMD 가이드라인과 똑같이 구현하기 힘들
다면 페이스 아웃되는 상품을 동일하게 구성한다. 디스플레이에 효과적인 상품이나 비슷한
상품이 없다면 비슷한 컬러와 디자인 상품으로 대체한다.

쇼윈도, VP, PP 연출을 동일하게 한다

브랜드의 시즌 콘셉트와 상품을 가장 쉽고 분명하게 고객에게 전달하는 쇼윈도, VP, PP 연출을 동일하게 구현하면 일관된 이미지와 메시지를 전달할 수 있다. 다만, 브랜드 내 특화된 카테고리를 가진 매장의 경우는 단독으로 진행하는 경우도 있다.

명동 매장

홍대 매장

NOON SQUARE 내 매장

H&M, SEOUL, KOREA

표준 매장 VMD 가이드라인을 통해 관리한다

주 혹은 월 1회 표준 매장을 기준으로 VMD 가이드라인을 만들어 매장에 배포한다. 자세한 매뉴얼과 직원 교육을 통해 동일하게 구현하고 자체적으로 점검해 볼 수 있는 체크리스트로 피드백하여 관리한다.

표준 매장 선정과 구현: 본사 VMD는 상품이 출고되기 전 표준 매장에서 상품진열을 구현한다. 이때 평수가 전체 매장의 중간 정도 되는 매장이 매장별로 다르게 적용할 수 있어 좋은데, 편차가 크다면 매장 평수별, 타입별로 나누어 여러 개의 표준 매장을 두고 진행해야 적용이 쉽다.
평수별: 100평 이상, 50평 이상, 20평 미만, 1층 매장, 2층 매장 등
타입별: 로드숍, 백화점, 아울렛

VM 매뉴얼 제작: 매장 레이아웃에 조닝별 콘셉트를 표시한다. 특히, 대형매장에서는 상품의 테마, 컬렉션이 여러 개인 경우가 많으므로 여러 컬렉션의 신상품이 동시에 들어올 경우 조닝마다 적용해야 할 가이드가 따로 필요하다. 각 조닝에 해당하는 상품의 정확한 진열 위치, 스타일 넘버, 컬러를 표기해 현장구현이 쉬운 VM 가이드를 제작한다.

상품 입고 전 배포: 상품이 입고되기 1~2일 전 매뉴얼을 전송하여, 매장 스태프들이 사전에 숙지하고 상품이 입고됨과 동시에 구현될 수 있도록 한다.

피드백, 체크리스트로 관리: 매장에서 자체 구현 후 사진으로 피드백을 받아 매장별로 수정사항을 전달하고 체크리스트를 활용해 관리한다. 이때 구현된 매장의 상황이 좋지 않거나 매장에서 다르게 하기를 원할 때는 직접 방문해 현장의 소리를 듣고 해결책을 찾아야 한다.

예시자료-VM 가이드라인(벽장)

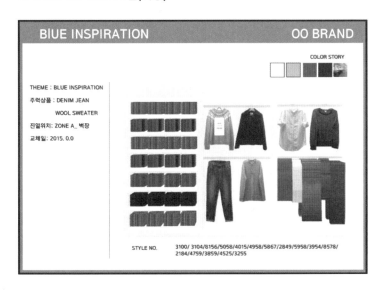

예시자료-VM 가이드라인(테이블)

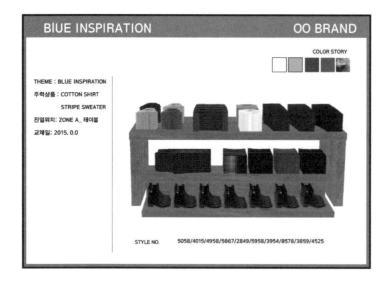

새롭게 보이기

오늘은 어떤 신상품이 들어왔을까? 단골고객에게 이보다 더 즐거운 호기심이 있을까.

만일 매장에 와도 항상 그 옷이 그 옷인 상태가 지속된다면 흥미를 느끼지 못하고 발길을 끊게 될 것이니 신상품 관리는 또 다른 고객관리의 방법인 셈이다.

최근에는 자체 디자인, 생산, 판매를 하는 SPA 브랜드나 편집숍들이 많아지고 있다. 이들은 트렌드에 민감하고, 고객 니즈에 빠르게 반응하는 만큼 일주일에 1~2회, 혹은 매일 신상품을 출시하는 등 속도를 내고 있다. 빠르게 들어오는 신상품만큼이나 이를 진열하고 관리할 수 있는 글로벌 VMD 가이드라인이 제공되고 매장 내에서도 실행할 수 있는 축적된 시스템과 노하우가 상당하다.

그러나 글로벌 브랜드가 아닌 국내 브랜드의 경우, 일반적으로 매장들을 동일하게 유지하는 것과 신선하게 교체하는 것은 양립하기 어렵다. 자칫 신상품의 반응이 좋아 진열한다는 것이 브랜드의 전략에 어긋나는 진열이 되거나, 무조건 동일하게 관리하려 해서 매장별 특성이나 현장 상황을 반영하지 않는다는 불만을 듣게 될 수도 있다.

그러므로 VMD는 매장별 판매 반응이나 매장별 고객의 차이, 판매 시점이 어떻게 다른지를 빠르게 파악해야 한다. 또한 매장 스태프의 의견을 잘 반영해 무엇을 우선으로 할 것인지를 결정한 후 VM 방향을 제시하고 실행해야 한다. 매장에 신상품이 늘 많아 보이도록 관리할 수 있는 방법을 알아보자.

신상품을 우선 노출한다

신상품을 매장 쇼윈도와 입구에 동시에 구성하는 것이 좋다. 혹은 벽장에 먼저 진열해 눈에 띄기 좋게 만든다.

신상품을 쇼윈도와 매장 입구에 구성한다

여기서 말하는 신상품은 계획된 진열 교체 시점에서 정해진 신상품을 말한다. 월요일에 진열을 바꿨는데, 수요일에 들어온 신상품으로 다시 바꾸라는 이야기가 아니다.

신상품은 매장 내에서 가장 잘 보이는 위치에 구성해야 새롭고 신선한 이미지를 고객에게 전달할 수 있다. 매장의 형태에 따라 차이는 있지만 주로 매장 입구 주변의 벽장과 바닥집기에 진열하는 것이 적합하다. 또한 쇼윈도는 특별한 프로모션이 진행되는 경우를 제외하고는 신상품으로 구성하는 것이 효과적이다.

특히 윈도에서 신상품을 보고 매장 안으로 들어갔을 때, 입구에 바로 구성된 신상품 진열은 그 각인 효과가 훨씬 커 실제 구매로 이루어질 수 있다. 너무 잦은 교체는 오히려 변화를 인지시키기 부족하고 상품의 정확한 판매 반응도 파악할 수 없으니 2~4주가 적당하다.

쇼윈도	VP	입구 벽장 상품진열

H&M, SEOUL, KOREA

벽장에 먼저 진열한다

벽장에 진열된 상품은 고객의 눈높이에서 보았을 때 가장 노출이 쉽다. 또한 매장 전체 벽을 둘러싸고 있기 때문에 상품의 디자인이나 컬러의 변화로 전체 이미지를 바꿀 수 있다. 집기별로 고객이 느끼는 노출 효과는 대부분 벽장 > 테이블 > 레일순이다.

마네킹 코디네이션으로 보여준다

매장 스태프들은 무엇보다도 마네킹에 무엇을 입힐지에 가장 관심이 많다. 마네킹이 무엇을 입고 있는지 여부에 따라 상품의 매출을 즉시 판단할 수 있기 때문이다. 그렇다고 모든 상품을 다 입힐 수는 없다. 게다가 잘 팔린다는 이유로 같은 코디네이션을 계속 유지하거나, 매장마다 전혀 다른 테마의 옷을 입힌다면? 이럴 경우 고객을 계획된 전략으로 끌어당기기 보다 고객에게 끌려다닐 수밖에 없다.

많은 상품들 중에서 마네킹 코디네이션에 적합한 것은 단순히 예쁜 옷도 아니고 매출이 좋은 옷도 아니다. 그 상품은 그 기간의 브랜드 테마를 대표하는 상품으로 전략적으로 브랜드에서 팔고자 하는 상품이여야 한다. 동시에 1~2주 등 브랜드마다 정해진 기간에 따라 바뀌어야 고객에게 흥미를 줄 수 있다. 이 모든 것을 충족시키는 대표적인 방법이 신상품 중에서 기간 테마를 대표하는 주력상품을 입히는 것이다.

전기간상품을 바운싱★한다

전기간상품은 뒤쪽으로 이동한다

신상품을 입구 쪽에 구성할 때 동시에 발생하는 문제는 그 자리에 있던 전기간상품들을 어디로 이동할 것이냐. 가장 효과적인 방법은 매장 뒤쪽으로 이동하는 것인데 판매 반응, 남은 재고, 신상품과의 조화 여부 등을 감안해서 그 위치를 결정해야 한다.

유연성 있게 이동한다

상품의 판매 반응, 재고량, 판매 시점을 고려해 유연성 있게 이동한다. 만약 잘 팔리는 상품이지만 남은 재고가 여전히 많다면 매장의 중간에 두는 것이 매출을 떨어뜨리지 않는 방법이다. 더욱이 그 상품이 신상품과 어울린다면 벽장이 아닌 테이블과 같은 바닥집기에 계속 둘 수도 있다. 재고가 없는 상품들은 가격 프로모션을 할지 여부를 결정해야 하고 매장 내 세일 조닝으로 옮긴다. 베이직상품의 경우(셔츠, 청바지 등) 특정 아이템 조닝을 구성하는 것도 좋은 방법이다.

★ 바운싱(bouncing): 상품의 위치를 바꿀 때, 위치가 이리저리 튕기듯 유동적이라는 의미로 실무에서 많이 쓰는 용어

일관된 주기로 상품을 바운싱한다

A: 전기간상품의 재고가 많지 않을 때는 세일 조닝으로 이동한다.

B: 주력상품이어서 매출도 좋고 재고도 많다면 매장 중간 등 좋은 동선에 유지한다.

C: 신상품과 어울린다면 앞쪽에 배치한다. 이때, 벽장이 아닌 바닥집기에 유지한다.

D: 베이직상품일 경우 신상품과 함께 특정 아이템 조닝으로 묶는다.

전기간상품

신상품

전기간상품의 상품 진열량 비중은 계절이 바뀌는 경우를 제외하고는 대부분 신상품보다 높다. 전기간상품의 위치가 똑같다면 아무리 자주 신상품이 들어와 진열을 바꾸었어도 매장은 비슷해 보인다. 또한 입고되었던 상품이 판매되며 달라지는 재고량과 판매 추이에 따라 상품의 위치 역시 변한다. 보통 테마, 컬렉션 교체에 따른 전체 교체(월 1~2회), 신상품 입고, 상품 판매 반응이나 재고에 따른 부분 교체(매일 혹은 주 1~2회)가 이루어진다. 이 주기는 MD, VMD, 출고 담당자와 매장 스태프에 의해 하나의 정해진 스케줄로 운영된다. 표를 참고해 주력상품이 판매 기간이 지나감에 따라 어떤 기준으로 바운싱 되는지를 살펴보자.

진열 기간에 따른 효과적인 바운싱

진열 기간	~1주	2주~4주	4주~8주	8주~
진열량		진열량은 판매로 인해 점점 감소한다.		
판매 반응	입고 초기 판매 반응이 바로 오지 않을 수 있다.	중기가 지나면 반응은 떨어진다.		
진열 위치	매장 입구 벽장, 메인 테이블		매장 안쪽	세일 조닝 또는 제자리 세일
진열 원리	• 가장 좋은 자리에 충분한 수량으로 진열 • 마네킹 코디네이션으로 노출 • 마케팅 프로모션 진행		• 다음 기간의 신상품을 입구에 진열해야 하므로 매장 안쪽으로 이동	• 재고소진을 위해 가격인하를 진행하거나 매장에서 아웃시킴

상품의 진열 기간이나 판매 주기는 브랜드마다, 매장마다 다르다. SPA 브랜드의 경우 1주일이면 판매 주기가 끝나기도 하고 남성 정장 브랜드는 3개월이 넘어갈 수도 있다. 앞서 제시한 표에서 바운싱을 진행하는 근본적인 이유를 이해하고 각자의 브랜드에 맞게 적용하자.

MEMO

VISUAL MERCHAN+ DISING

*

PART 4

VMD
컬러 적용

컬러 전개는
VMD의 역량이다

매장 오픈을 하다 보면 마네킹 코디네이션을 가끔 디자이너가 하게 되는 경우가 있다. 본인이 디자인한 옷이니 어떻게 입힐지 누구보다도 잘 알겠지만 사실 그때마다 종종 벌어지는 상황이 있다. 마네킹 하나하나의 코디네이션은 예쁜데 전체적으로 서로 어울리지 않거나, 마네킹 그룹이 별다른 임팩트를 주지 못하는 것이다.

마네킹 코디네이션은 개인이 옷을 차려입는 것과는 상당히 다르다. 물론 감각이 중요하다는 점은 같다. 하지만 개인은 본인에게 어울리는 감각을 발휘하는 데 그치는 반면, 마네킹 코디네이션은 마네킹 각각의 착장이 일정한 공간 안에서 하나의 메시지로 일관성 있게 보여야 한다는 점이 다르다. 그래서 서로 어울려 보이는, 판매 반응이 좋은 상품 위주의 개인 옷 입기처럼 입히다 보면 브랜드색이 드러나지 않는 것은 물론, 어딘지 모르게 완성도가 떨어지게 된다. 마네킹 코디네이션에서 가장 먼저 고려할 것은 브랜드의 고유성과 콘셉트를 반영하는 것이다. 브랜드마다 지향하는 스타일링과 컬러 사용법이 다르기 때문에 비슷한 상품을 입혀도 그 기준에 따라 다른 브랜드처럼 보일 수 있다.

다음은 어떤 아이템을 보여줄 것인가를 고려해야 한다. 이때는 해당 기간의 판매 전략을 반영해야 한다. 마네킹 코디네이션은 매출로 이어지거나, 매출로 바로 이어지지 않더라도 고객의 방문을 유도해야만 제대로 된 기능을 했다고 볼 수 있기 때문이다. 이 2가지를 모두 만족한 뒤, 마지막으로 고려할 요소가 어떻게 멋지게 입혀 고객의 시선을 잡고 영감을 줄 것이냐다. 물론 이는 어떤 상품으로 스타일링할지에 달려 있지만 이 장에서는 그보다 컬러를 어떻게 사용할지에 대해 다루고자 한다. 그 이유는 사람이 사물을 볼 때 가장 먼저 눈에 들어오는 것이 컬러이며, 아이템보다도 컬러의 변화로 더 빠르게 매장의 변화를 줄 수 있기 때문이다. 또한 상품이 출시되었을 때 상품과 상품의 스타일링은 상품기획팀이나 디자인팀에서 계획되는 경우가 많지만, 매장에서 그 상품들 중 어떤 컬러를 골라 전개할지는 VMD의 역량인 경우가 많다.

실무 관점에서의 컬러

유채색

레인보우컬러, 파스텔컬러 등 채도가 있어 색상이 인식되는 색. 주로 메인컬러의 역할을 한다.

무채색

화이트, 그레이, 블랙의 채도 없이 명도로만 인식되는 색. 그 자체로 메인컬러로 쓰기도 하고 유채색, 중간색을 돋보이게도 만든다.

중간색

아이보리, 베이지, 올리브, 갈색 계통 등 저채도 색. 중간색은 그 자체로 메인컬러로 쓰이기도 하지만 유채색과 함께 썼을 때 색감을 한층 풍부하게 만드는 역할도 한다. 데님컬러 역시 중간색으로 간주한다.

패턴과 질감 또한 컬러의 확장으로 생각하고 사용하면 다양하고 재밌는 시도를 할 수 있다.

패턴

체크, 스트라이프, 도트, 플로럴, 애니멀, 기하학적인 패턴 등이 있다.

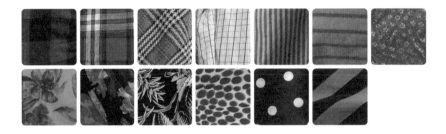

질감

니트, 레이스, 가죽, 실크, 누빔, 메탈릭, 광택 소재, 글리터링 등이 있다.

VMD
컬러 원리

컬러를 다루는 이론은 참으로 많다. 지금 당장 서점으로 가서 관련 서적을 펼쳐보아도 톤 온 톤(tone on tone), 톤 인 톤(tone in tone), 그러데이션(gradation), 도미넌트(dominant), 레피티션(repetition), 카마이유(camaieu), 콘트라스트(contrast), 악센트(accent) 등 많은 컬러 이론을 훑어볼 수 있다.

하지만 책에 쓰인 수많은 이론들을 보면서, 매장에서 상품진열을 할 때 '카마이유 컬러 진열을 해야겠다'라고 공식을 외듯 스타일링 하는 VMD가 과연 있을까 하는 생각이 들었다.

사실 역사가 오래된 브랜드에서는 상품 개발 초기 단계부터 VMD가 관여한다. 고객을 만나는 최접점이 매장이니 초기 단계에서부터 어떻게 이 상품들을 보여줄 것인지 VMD 계획을 반영한 상품 계획과 개발을 진행하는 것이다. 이 단계에서 VMD가 가장 크게 기여할 수 있는 것이 컬러 계획이다. VMD는 매장의 크기에 따라 놓을 집기의 수, 진열 방법을 고려해 스타일 수와 가능한 컬러 수를 제안한다. 그렇게 하면 실제로 구현되었을 때 출시될 상품 중 공간의 콘셉트를 방해하는 컬러가 무엇인지, 어떤 컬러가 더 필요한지를 알 수 있다. 그것을 발판으로 기획자나 디자이너들이 '이 상품은 이 공간에 이런 형태로 진열되겠구나' 하는 큰 그림을 머리에 넣고 상품을 만들 수 있어 효율적이다.

물론 매장에 구현될 때는 해당 상품이 입고되지 않거나, 생산 사고가 나거나, 판매가 예상과 달리 저조하다거나 하는 수많은 변수들이 생기지만 그럼에도 애초에 계획을 수립한 것과 하지 않은 것은 전혀 다르다. 하지만 이렇게 되기까지는 브랜드 내부에서 VMD가 선행돼야 한다는 인식이 있어야 하기 때문에 국내에서는 이렇게 시스템화 되어 있는 브랜드가 많지 않은 것이 현실이다. 그보다는 상품이 출시되고 난 후 VMD가 진열 계획을 하는 방식이 아직은 보편적이다.

이런 현실에서 상품진열을 위한 컬러 사용법을 알기 위해 준비해야 할 것은 앞서 말한 외우기 어려운 용어들이 아닌 단순한 원리다.

조화를 이루어 보기 좋게 할 것인가, 아니면 대비를 이루어 보기 좋게 할 것인가와 같이 굉장히 간단하다. 우리는 모두 옷을 잘 입기 위해, 또는 집을 아름답게 꾸미기 위해 둘 중 하나의 원리를 이용한다.

매장 진열과 마네킹 코디네이션 역시 마찬가지다. 여러 매장의 사례를 통해 현재 패션 브랜드들이 어떤 컬러 기준과 방식으로 진열을 전개하고 있는지 살펴보고, 그에 따라 만들어지는 이미지와 효과는 어떠한지 알아보자.

조화 이루기

조화를 이루려면 컬러가 도드라짐 없이 서로 잘 어울려야 한다. 보통은 같은 색상 계열의 조합이거나 다른 색상이더라도 그 차이가 크지 않을 때 가능하다. 이러한 컬러의 조합은 자연스럽고 안정적이어야 하며 하나의 컬러군으로 묶일수록 좋다. 그러나 다소 단조로울 수 있으니 여러 가지 방법으로 다양성을 가미하는 것이 좋다.

메인 유채색

메인컬러에 해당하거나, 유사한 컬러의 상품만을 모아 진열하는 방법으로, 컬러의 이미지가 하나의 콘셉트가 되어 강력한 어필이 가능하다.

RALPH LAUREN, NEW YORK, U.S.A.

UNICLO, NEW YORK, U.S.A

BANANA REPUBLIC, NEW YORK U.S.A

ALL SAINTS, NEW YORK, U.S.A

메인 유채색 + 화이트

화이트는 한 가지 메인컬러와 같이 구성하면 레피티션(repetition) 진열의 형식을 띠게 되어,
단조로움을 없애고 반복의 재미를 준다. 또한 화이트컬러는 유채색과 강하게 대비되지 않고
특유의 깔끔함으로 유채색의 컬러를 살아나게 한다.

마네킹 코디네이션

GAP, NEW YORK, U.S.A

Notre styliste personnel serait ravi de vous accompagner dans votre shopping.
Besoin de détails? Demandez-nous.

중간색 + 무채색

아이보리, 베이지, 카키 등 뉴트럴 컬러이면서 채도가 낮은 중간색과 무채색을 함께 구성한
다. 무채색은 중간색에 세련되고 도시적인 이미지를 더해준다.

ZARA, NEW YORK, U.S.A

유채색 1가지 + 중간색확장

메인 유채색 1가지에 중간색들을 붙여주면 색감이 단순하지 않고 풍부해진다. 중간색은 그
자체의 색이 있지만 도드라지지 않고 메인 유채색과 조화를 이룬다.

마네킹 코디네이션

CLUB MONACO, NEW YORK, U.S.A

UNICLO, NEW YORK, U.S.A

톤 인 톤 전개

한 가지 유채색만 쓰는 것이 단조롭게 느껴진다면 다른 유채색을 더해 보자. 가장 쉬운 방법은 중심이 되는 유채색의 인접 색상을 넣는 것이다. 그린이 메인컬러라면 서클 색상환의 옆에 있는 컬러인 옐로그린, 옐로 또는 반대편에 있는 터키쉬블루, 블루 등으로 색을 확장시킬 수 있다. 또한 하나의 색으로 인지되지 않는 무채색이나 중간색을 더해주면 컬러 간 브릿지 역할을 해 다소 다른 컬러들도 자연스럽게 연결하며 색감을 풍부하게 만들어준다.

JOE FRESH, NEW YORK, U.S.A

서클 색상환을 이용한 그린컬러의 톤 인 톤 확장

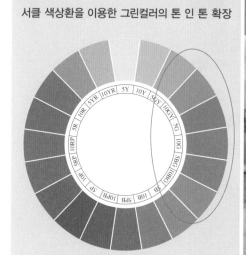

COS, PARIS, FRANCE

마네킹 코디네이션

같은 계열의 컬러 코디네이션은 자연스럽고 안정적이며 클래식한 멋을 낼 수 있다. 하지만 비슷한 색으로 인지되는 컬러의 조화가 다소 지루할 수 있다. 지루한 느낌을 덜기 위해서는 여러 가지 방법으로 다양성을 주어야 한다. 그중 하나가 동일한 톤의 근접 색상으로 확장하는 방법이다.

톤 온 톤 전개

한 가지 색을 메인컬러로 하여 명도 차이로 다양한 색상을 만들면 톤 온 톤 전개가 가능하
다. 그러데이션의 효과가 풍성한 느낌을 전달하면서도 전체적으로는 한 가지 색상으로 보
여 통일된 느낌을 준다. 레드가 메인컬러라면 여기에 화이트를 더했을 경우와 블랙을 더했
을 경우를 생각해 보자. 화이트를 더하면 코랄, 핑크, 연핑크, 블랙을 더하면 버건디, 레드브
라운까지 색을 확장시킬 수 있다. 이미 톤 차이를 주어 색감이 풍부하고 자연스럽게 연결이
되었기 때문에 브릿지 컬러는 많이 더하지 않는다.

MADE WELL, NEW YORK, U.S.A

마네킹 코디네이션

톤 온 톤 코디네이션은 명암의 차이로 풍부한 색감을 주되 안정적이고 조화롭다.

UNICLO. HONGKONG

대비 이루기

서로 보색이 되는 컬러나 한색과 난색, 또는 색 차이가 큰 컬러를 같이 구성하게 되면 대비를 이루면서 서로의 색감이 살아나게 된다.

블랙 + 화이트

브릿지 컬러인 그레이가 없는 블랙과 화이트의 구성은 극명한 대비를 이루며 주목성을 높인다.

JOE FRESH, SEOUL, KOREA

RUGBY, NEW YORK, U.S.A

COS, PARIS, FRANCE

FENDI, NEW YORK, U.S.A

RALPH RAUREN, NEW YORK, U.S.A

메인 유채색 + 블랙

블랙은 채도가 비슷한 유채색과 같이 구성했을 때 대비되어 보이는 효과를 주면서 하나의
색으로 뚜렷하게 인지돼 서로의 색감을 살린다. 블랙컬러를 어디에 끼우느냐를 기준으로 컬
러가 반복된다고 느껴지기 때문에 위치가 중요하다.

CLUB MONACO, NEW YORK, U.S.A

대비되는 2가지 유채색

서로 다른 유채색의 상품을 함께 진열할 때는 같은 톤을 가진 컬러를 대비시키는 것이 기본
이다. 진한 핑크와 밝은 그린이 아니라, 진한 핑크와 진한 그린 그리고 옅은 핑크와 옅은 그
린으로 대비시키는 식이다. 대비되면서도 잘 어울리는 컬러 조합을 찾으려면 색상환에서 건
너편에 있는 색들을 대비하는 보색대비를 응용해도 좋고, 해당 상품에 쓰인 패턴의 다른 컬
러, 또는 주머니나 칼라, 테이핑 등의 디테일 요소에 배색된 컬러를 고르는 것도 좋은 방법
이다. 하지만 이 세상에 어울리지 않는 컬러는 거의 없으니 본인의 감각에 따라 다양하게 도
전하고 응용해 보자.

 +

마네킹 코디네이션

ABCROMBIE&FITCH, NEW YORK, U.S.A

대비되는 2가지 유채색의 확장

보통 대비되는 컬러를 전개할 때 2개의 유채색을 사용하는 것이 기본이지만 때로는 그 컬러들 안에서 계열컬러로 확장할 수 있다. 색상환의 건너편에 있는 색상으로 대비를 했다면 바로 옆에 있는 컬러들로 확장해서 1~2가지 유채색을 더하는 것이다. 아래 매장을 서클색상에 적용해 보면, 핑크에 대비되는 올리브그린을 더했고 거기에 인접컬러인 퍼플(핑크의 인접컬러)과 옐로우(올리브그린의 인접컬러)를 더해 컬러를 풍성하게 만들면서 계열을 확장했음을 알 수 있다.

JOE FRESH, NEW YORK, U.S.A

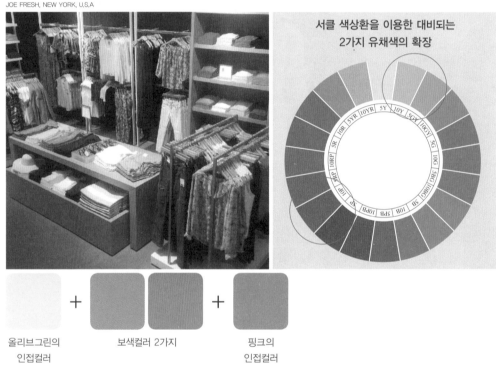

서클 색상환을 이용한 대비되는
2가지 유채색의 확장

올리브그린의
인접컬러 + 보색컬러 2가지 + 핑크의
인접컬러

마네킹 코디네이션

보색이나 한색과 난색 등 서로 대비되는 색상환을 가진 컬러를 코디네이션하면 화려하고 자신감 있는 이미지를
주고 감각적인 아웃핏을 연출할 수 있다.

그러데이션

컬러가 많은 아이템을 한 공간에서 보여줄 경우 그러데이션 진열을 사용하면 효과적이다. 기본적인 순서는 무지개를 떠올리면 쉬운데, 빨주노초파남보로 연결되는 따뜻한 유채색 → 차가운 유채색 → 무채색 기준으로 자연스럽게 연결한다. 다만, 언제나 난색이나 빨간색으로 시작할 필요는 없고 시즌을 대표하는 색이 먼저 나온 뒤 그 안에서 스펙트럼을 돌리면 된다.

따뜻한 유채색 → 차가운 유채색 → 무채색

그러데이션 + 중간색

레인보우컬러에 중간색을 더하면 색이 서로 잘 어우러지고 무게감이 생긴다.

파스텔컬러에 베이지, 카키, 그레이 등의 중간색을 더해 가벼운 느낌을 중화한다. 이때 중간
색이 파스텔컬러와 명도 차이가 심하면 조화롭지 못하니 명도가 밝은 중간색을 선택한다.

그러데이션 + 데님

데님은 다양한 톤과 워싱을 가지고 있어 레인보우컬러의 톤이나 색조에 맞추어 어울리는 컬러를 쉽게 매치시킬 수 있다. 또한 현란한 색감을 차분하게 눌러줌과 동시에 상대 컬러를 돋보이게 한다.

RUHEL, NEW YORK, U.S.A

그러데이션 + 패턴

그러데이션에서 패턴물을 넣을 때는 전체 컬러의 흐름이 깨지지 않는 것이 중요하며, 솔리드와 패턴이 반복되는 순서가 어느 정도 일정해야 한다. 인접한 상품의 컬러가 섞인 패턴을 가진 상품이나 또는 상품들 간의 그러데이션이 이어지도록 브릿지 컬러를 가진 상품을 선택한다.

인접 상품의 컬러를 가진 패턴물

블랙–다크 그레이 체크–그레이–다크 블루 체크–네이비–블루 체크–블루–그린–옐로우 체크–옐로우–오렌지 체크–레드–레드 체크–버건디–버건디 체크

WHO.A.U. SEOUL, KOREA

그러데이션을 잇는 브릿지 컬러를 가진 패턴물

블루 스트라이프–민트 그린 솔리드–옐로우 스트라이프–핑크 솔리드–진 핑크 스트라이프

그러데이션 진열 + 액세서리

액세서리를 같이 진열하게 되면 아이템 진열에서 오는 지루함을 없앨 수 있고, 아이템 진열이지만 스타일까지 보여줄 수 있다. 그러데이션이 깨지지 않는 컬러의 액세서리 중 상품과 코디네이션이 가능한 것을 선택한다.

GAP, NEW YORK, U.S.A

그러데이션: 난색과 한색

상품이 레인보우컬러로 구성될 만큼 색상환이 많지 않거나, 또는 공간을 분리해야 할 경우 한색과 난색으로 나눈 후 그 안에서 색상의 그러데이션 변화에 따라 진열한다. 한색, 난색 으로 구분해 진열하면 마네킹의 착장 컬러도 그룹핑된다.

AMERICAN EAGLE, NEW YORK, U.S.A

크로스로 붙여주기

마네킹 그룹에서 하나의 마네킹 상의에 있는 컬러를 다른 마네킹의 하의 또는 착장하고 있는 액세서리 등에 사용하는 방법으로 다양한 비율로 적용할 수 있다. 크로스 코디 시 비율을 너무 정직하게 5:5로 하게 되면 촌스럽고 지루해질 수 있으니 7:3, 8:2 등으로 변화를 주는 것이 좋다.

쉬운 방법은 상의나 하의에 배색된 컬러를 다른 마네킹에 배치하는 것이다. 예를 들어 네이비 재킷에 옐로우 포켓이 달려 있다면 옐로우 팬츠로 크로스 코디하는 방식이다. 패턴물 사용 시 패턴물에 있는 컬러를 다른 마네킹에 착장할 수 있다.

패턴으로 재미주기

상품의 컬러 진열이 단조로운 느낌을 준다면 다양한 패턴을 가진 상품을 구성해 재미를 줄
수 있다. 패턴의 종류로는 체크, 스트라이프, 도트, 플로럴, 기하학 등이 있다.

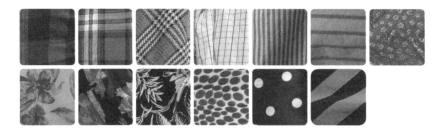

한 가지 패턴

패턴은 대부분 특정 테마를 상징한다. 예를 들어 스트라이프는 마린, 버팔로 체크는 크리스
마스, 깅엄은 프레피, 플로럴은 코티지 스타일의 대표 패턴이다. 따라서 한 그룹의 콘셉트를
표현할 때 패턴을 사용해 더 또렷하게 전달할 수 있다.

ZARA, NEW YORK, U.S.A

다양한 패턴

체크. 스트라이프. 도트. 플로럴 등의 다양한 패턴을 정해진 컬러 안에서 확장하는 방법은 패턴이 다양한 만큼 분명한 컬러스토리가 있어야 한다. 다양한 패턴을 사용하더라도 각자의 콘셉트가 너무 정형화돼 있거나 고정적인 것들을 두서없이 구성하면 다소 산만해질 수 있으니 2~3개 정도로 제한한다.

예를 들어, 크리스마스 모티프인 스노 플레이크에 특정 모티프가 없는 도트는 섞을 수 있지만 마린의 대표적인 패턴인 스트라이프를 섞으면 혼란한 느낌을 준다.

마네킹 코디네이션

한 가지 패턴 코디네이션

다양한 패턴 코디네이션

질감으로 다양성 주기

사용한 컬러가 1~2가지로 한정적이라면 다양한 소재를 가진 상품을 구성해 질감의 다양함에서 오는 변화를 줄 수 있다. 색상이 한정적이기 때문에 다양한 소재를 쓰더라도 크게 산만해 보이지 않는다. 다만, 계절감이나 소재의 두께 등을 고려해 같이 구성했을 때 실제 착장에 무리가 없는 범위 내에서 사용해야 한다. 소재의 종류로는 니트, 레이스, 가죽, 실크, 누빔, 메탈릭, 광택 소재, 글리터링 등이 있다.

비주얼 머천다이저가 어려운 이유 중 하나는 그들의 업무가 브랜드 내 모든 부서와 연결돼 있기 때문이다. 패션 회사는 대부분 자신의 전공과 관련된 일을 하는 사람들로 이루어진 전문가 집단이며 분야 또한 다양하다. 패션 디자인부터 기획, 영업, 인테리어 디자인, 광고 디자인, 마케터까지. 게다가 이 다양한 업무에 종사하는 이들은 무조건 연봉만 보고 일을 하지도 않는다.

"이해가 안 돼. 일도 많고 야근도 많고, 심지어 연봉도 높지 않은데 인턴 사원들은 너무 일을 하고 싶어한단 말야."

"그 브랜드를 워낙 좋아하니까 그렇겠지."

최근 해외 디자이너 브랜드 파이낸셜 매니저로 이직한 선배가 도통 이해할 수 없다며 꺼낸 이야기에 나는 저렇게 대답했다. Fashion에 대한 Passion은 쉬이 이해가지 않는 상황을 설명해주는 가장 단순하고 명백한 이유일 것이다.

브랜드와 스스로에 대한 자신감으로 똘똘 뭉친 이 '기센' 사람들에게, 부드럽게 양보하며 적당히 일하기 바라는 것은 꿈도 꿀 수 없는 일이다. 이런 분위기에서 타 부서 간의 입장 차이를 조율하지 못하고 디자이너 특유의 높은 기준과 이상만 주장해서는 아무리 재능이 뛰어난 VMD라 할지라도 하루도 버틸 수 없다. 혹은 무조건 예스만 외치며 타 부서가 원하는 대로 움직이다 보면 비주얼 기준을 주도적으로 세우지 못하고 뇌 없이 손발만 움직이는, 그야말로 오퍼레이터로 전락하고 만다. 스스로의 역량과 가치를 깎아내리며 끝없는 자괴감에 빠져들게 되는 것이다.

이런 만만찮은 환경에서 중심을 잡고 일을 잘해나가기 위해서는 무엇보다도 '단단한 지식'이 우선되어야 한다. 이 책은 매일같이 깨져도 여전히 이 일을 사랑하는 사람들이 업무에 바로 적용할 수 있도록, 실무에서 쌓아온 지식을 담았다. 그러니 책을 읽는 동안 한 발자국 뒤로 물러나 스스로의 능력을 객관적으로 살펴보는 계기가 되었기를 바란다.

어떤 부분에서는 책보다 더 좋은 방법과 해결책을 알고 있는 자신이 보일 것이다. 또는 늘 하는 업무임에도 한 번도 왜 그렇게 하는지, 어떻게 하면 잘할 수 있는지 의구심조차 갖지 않았던 자신도 보일 것이다. 그렇게 자신을 솔직하게 들여다본 다음 부족한 능력과 필요한 훈련이 무엇일지 생각해 보자. 책에 제시된 여러 가지 사례와 접근법을 응용해도 좋을 것이다.

이 일을 시작할 때 가졌던 열정을 담아 부족한 영역은 채우고 잘하는 영역은 더욱 개발해 자신만의 역량을 키우자. 그러다보면 변화무쌍한 리테일 현장을 유연하게, 그리고 지혜롭게 이끌어나가는 자신과 마주하게 될 것이다.

지금 VMD로서 열심히 커리어를 쌓고 있거나 VMD라는 직업을 꿈꾸지만 막막해하는 많은 분들에게 이 책이 생생한 길잡이가 되었으면 좋겠다.

실무에 바로 쓰는 비주얼 머천다이징

2021년 2월 19일 초판 인쇄
2021년 2월 26일 초판 발행

등록번호 1960.10.28. 제406-2006-000035호
ISBN 978-89-363-2144-4(93590)
값 22,000원

지은이
김윤미
펴낸이
류원식
편집팀장
모은영
책임진행
이유나
디자인
신나리
본문편집
우은영

펴낸곳
교문사
10881, 경기도 파주시 문발로 116
문의
Tel. 031-955-6111
Fax. 031-955-0955
www.gyomoon.com
e-mail. genie@gyomoon.com